高职高专艺术设计类专业"十二五"规划教材

3ds Max+VRay
效果图快速表现

林 琳 主 编

张 虹 陈献昱 副主编

化学工业出版社

·北京·

本书包括3ds Max+VRay制作基础及效果图项目实训两部分内容。其中第一部分理论以应用为目的，以"必需、够用"为尺度；第二部分按照项目驱动的教学模式编排内容，采用工程实例，体现工学结合，培养学生职业范围实际工作任务所需要的能力、素质，引导学生实现主动、快乐学习，掌握设计制作知识，训练设计制作技能，提高计算机表现技巧，增强团队协作意识和交流沟通能力，为学生可持续的专业发展奠定良好基础。

　　本书可作为高职高专环境艺术设计专业、室内设计专业、艺术设计专业等相关专业教材，也可以供自学者、爱好者学习参考，还可以做短期培训教材。

图书在版编目（CIP）数据

3ds Max+VRay效果图快速表现/林琳主编．—北京：
化学工业出版社，2015.6（2019.8重印）
高职高专艺术设计类专业"十二五"规划教材
ISBN 978-7-122-23898-6

Ⅰ．①3… Ⅱ．①林… Ⅲ．①三维动画软件-高等
职业教育-教材 Ⅳ．①TP391.41

中国版本图书馆CIP数据核字（2015）第095002号

责任编辑：李彦玲　　　　　　　　　　　　文字编辑：张　阳
责任校对：王素芹　　　　　　　　　　　　装帧设计：王晓宇

出版发行：化学工业出版社（北京市东城区青年湖南街13号　邮政编码100011）
印　　装：天津画中画印刷有限公司
787mm×1092mm　1/16　印张11　字数297千字　2019年8月北京第1版第2次印刷

购书咨询：010-64518888　　　　　　　　　售后服务：010-64518899
网　　址：http://www.cip.com.cn
凡购买本书，如有缺损质量问题，本社销售中心负责调换。

定　　价：45.00元　　　　　　　　　　　　　　版权所有　违者必究

前言
Preface

从真正意义上说，效果图表现就是通过图片等传媒来表达作品所需。从现代来讲是通过计算机三维仿真技术来模拟真实环境的高仿真虚拟图片，在建筑、工业等细分行业来看，效果图的主要功能是将平面的图纸三维化、仿真化，通过高仿真的制作，来检查设计方案的细微瑕疵或进行项目方案修改的推敲。

本书根据当前效果图表现最新理念和发展趋势，体现"利学利导"的专业优势，力求实现将技术与艺术、理论与案例、专业艺术性与应用型完美结合，无论在知识点的讲解还是应用性案例的制作过程中，原理、设计、图形、数字技术一直贯穿始终，在指导读者提高软件使用技能的同时，更多的是引导和激发读者专业角度的创意与表现，挖掘艺术潜力，潜移默化地提高读者的艺术认知和实践能力。

本书由林琳任主编，张虹、陈献昱任副主编，其中，第一部分项目一、项目二及第二部分项目四由辽宁城市建设职业技术学院教师林琳编写；第二部分项目一、项目二由济源职业技术学院教师张虹编写；第一部分项目三及第二部分项目三由辽宁农业职业技术学院教师陈献昱编写。孙斌、沈哲、黄亚楠、李彬、王劼慧、张雯静、秦慧、于桂芬、刘清丽、李爽也参与了其中部分章节的编写。

由于编者水平有限，书中难免有疏漏之处，请广大读者批评指正。

编者

2015 年 2 月

目 录
CONTENTS

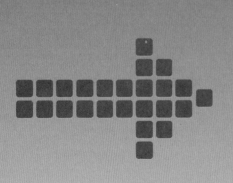

01 Chapter

第一部分

3ds Max+VRay 制作基础

项目一　效果图设计必备知识

一、效果图

　　效果图类似于现实中对场景拍摄的照片，所不同的是效果图需要通过软件来制作虚拟的场景，然后通过渲染完成效果的"拍摄"。但要注意的是，这一切都需要通过计算机来完成，但其与现实拍摄相同的是在制作效果图时需要把握好基本的美学知识，这样才能制作出色彩、光影都具吸引力的效果图，如图1-1-1所示。

图1-1-1　效果图与实景图对比

二、光

效果图是用光作图的艺术，光在效果图中起到了很重要的作用，有光才有色、影。

1. 光与色

没有光就没有色，光是人们感知色彩的必要条件，色来源于光，所以说光是色的源泉，色是光的表现。制作效果图会用到灯光或日光，不同的光会产生不同的色彩。光照在不同的物体上也会有不同的色彩体现。一张效果图给人的第一视觉就是画面的色彩，其次是空间，所以研究光与色的原理就是为了在效果图表现中能更好地把握光的用法，以此来达到第一视觉的美感。

（1）光波

在人类生存与繁衍的过程中，光作为自然存在的有机整体，起到了十分重要的作用，有了光也就有了颜色，没有光的世界就像人失去了双眼，展现在人们面前的就是漆黑一片。在人类历史发展的漫漫征途中，色彩渗透到了生活的各个角落。据记载，早在15万年以前的冰川时代，原始人就将矿物质粉碎成末，在混合植物色涂抹于身上来保护和装饰自己，或以简单的色彩在岩石上做记录。这种状态足以证明原始人在那个时代就已经萌发了审美的意识。由于色彩与生产生活长期共融于一个特定的空间，人类始终没有停止过对色彩美追求的热情和挖掘的动力。

1704年，英国物理家牛顿发表了著作《光学》，揭示出了光与色的奥妙，从理论和科学的角度剖析色彩的本质，为色彩的理论研究和实际应用提供了科学依据。1666年他把太阳白光引进暗室，利用棱镜分解太阳光，使其通过三棱镜照射到白色的屏幕上，结果出现了红、橙、黄、绿、青、蓝、紫七种颜色，这些色光在通过三棱镜时就不能再分解了，如图1-1-2所示。七种色光混合在一起，就是我们所看到的白色光。该试验进一步证明了光与色之间的关系。日本的小林秀雄曾写道："色彩是破碎的光……太阳的光与地球相撞后破碎分散，因而使整个地球形成美丽的色彩。"看来，光运用它神奇而多姿的语言赋予了人类一个充满浪漫情怀的多彩世界。

（2）色温

19世纪末的英国物理学家开尔文勋爵威廉·汤姆森认为：一个理想的纯黑色物体，如果接收到热量，且将热能没有任何损失全部转换为光能的时候，那么黑色物体产生辐射的波长随接收到热量的变化而变化。这样解释可能比较难以理解，下面我们通过一个简单的实例来分析：在一个完全无光的密封、真空空间内，给一块纯黑色碳进行加热，当温度达到一定级别的时候，黑炭会开始发光，随着加热温度的提升，黑炭的发光颜色会发生变化。当温度从零开始逐渐升高，黑炭从不发光开始变成发光的状态，而发出光的颜色会随着加热温度的提升而发生变化。加热温度较低时，炭发光的颜色偏红黄，加热温度慢慢提升时，木炭发光的颜色慢慢由黄逐渐变得越来越蓝。

那么，不同色温的光源发出的光线颜色究竟有什么区别呢？请看下面的模拟演示：我们在3D软件中建立了一个条件较为理想的现场，即在纯白的底面和背景上放置左中右三个球体，球体的颜色从左到右依次为纯白、浅灰和深灰，背景和球体都不具有色相属性，且背景、球体本身表面无强烈的

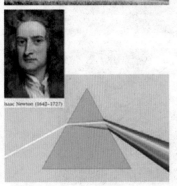

图1-1-2 三棱镜下的光谱色彩

反射。接下来，在场景中打一盏聚光灯，按照不同的色温值来控制灯光输出的颜色，在灯光色温变化的过程中，聚光灯的实际照度不发生任何改变，图1-1-3便是最终得到的结果。

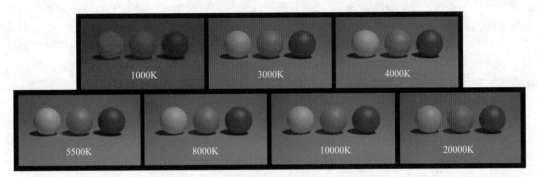

图1-1-3　不同色温的光源发出的光线颜色

通过上面的几张图，可以清晰地了解光源色温和发出的光线颜色之间的关系。场景中的光源色温不同，最终看到的画面的整体颜色不同，这是因为，本来应该是无色的背景和物体，被不同色温的灯光染色进而呈现出不同的颜色。经过上面的表述，我们可以明确两个概念：一是只有发光体也就是光源才有色温的属性，不发光的物体是没有色温属性的；二是发光体的色温不同，导致发出光线的颜色不同。

（3）溢色

颜色具有传播性，主要包括漫反射传播和折射传播。当光线照到一个物体上时，物体会将部分色彩进行传播，传播后会影响到周围其他的物体，这就是通常所说的溢色，如图1-1-4所示。只有合理运用溢色才能将效果图的真实感打造到最佳效果。

图1-1-4　溢色

2．光与影

随着计算机硬件和软件的发展，效果图表现行业有了新的发展趋势：通过写实的表现手法来真实地体现设计师的设计理念，这样就能更好地辅助设计师的设计工作，从而让表现和设计达到完美的统一。

要通过写实手法来表现出效果图的真实，就必须找到一个能体现效果图真实的依据，而这个依据就是真实生活中的物理环境，只有多观察真实生活中的真实物体的本样，才有可能做出照片级的效果。摄影师如果没有很好地理解光影，就很难拍摄出优秀的作品。我们做效果图也一样，充分理解基于真实物理世界的光影关系是效果图表现的第一步。

（1）真实物理世界中的光影关系

图1-1-5是大约下午3点的光影关系，从中可以看出主要光源是太阳光，在太阳光通过天

空到达地面以及被地面反弹出去的这一过程中，就形成了天光，而天光也就成了第二光源。

太阳光产生的阴影比较实，而天光产生的阴影比较虚（见球的暗部）。这是因为太阳光类似于平行光，所以产生的阴影比较实；而天光从四面八方照射球体，没有方向性，所以产生了虚而柔和的阴影。

再来看球体的亮部（即太阳光直接照射的地方），它同时受到了阳光和天光的作用，但是由于阳光的亮度比较大，所以它主要呈现的是阳光的颜色；而暗部没有被阳光照射，只受到了天光的作用，所以它呈现出的是天光的蓝色；在球的底部，由于光线照射到比较绿的草地上，反弹出带绿色的光线，影响到白色球的表面，形成了辐射现象，而呈现出带有草地颜色的绿色。

在球体的暗部，还可以看到阴影有着丰富的灰度变化，这不仅仅是因为天光照射到了暗部，更多的是由于天光和球体之间存在着光线反弹，球和地面的距离以及反弹面积影响着最后暗部的阴影变化。

那么，真实物理世界里的阳光为什么会有阴影虚边呢？如图1-1-6所示是真实物理世界中阳光的阴影虚边。

图1-1-5　真实物理世界中的光影关系　　　　图1-1-6　阳光的虚边效果

在真实物理世界中，太阳是个很大的球体，但是它离地球很远，所以发出的光到达地球后，都近似于平行光，但是就因为它实际上不是平行光，所以地球上的物体在阳光的照射下会产生虚边，而这个虚边也可以近似地计算出来：（太阳的半径/太阳到地球的距离）×物体在地球上的投影距离≈0.00465×物体在地球上的投影距离。从这个计算公式可以得出，一个身高1700mm的人，在太阳照射夹角为45°的时候，他头部产生的阴影虚边大约应该为11mm。根据这个科学依据，我们就可以使用VRay的球光来模拟真实物理世界中的阳光，控制好VRay球光的半径和它到场景的距离就能产生真实物理世界中的真实阴影。

那么，为什么天光在白天的大多数时间是蓝色的，而在早晨和黄昏时又不一样呢？

大气本身是无色的，天空的蓝色是大气分子、冰晶、水滴等和阳光共同创作的景象，太阳发出的白光是由紫、青、蓝、绿、黄、橙、红光组成的，它们波长依次增加，当阳光进入大气层时，波长较长的色光（如红光）透射力强，能透过大气射向地面；而波长短的紫、蓝、青色光，碰到大气分子、冰晶、水滴等时，就很容易发生散射现象，被散射了的紫、蓝、青色光布满天空，就使天空呈现出一片蔚蓝，如图1-1-7所示。

而在早晨和黄昏的时候，太阳光穿透大气层到达观察者所经过的路程要比中午的时候长得多，更多的光被散射和反射，所以光线也没有中午的时候明亮。因为在到达所观察的地方，波长较短的光（蓝色和紫色）几乎已经散射，只剩下波长较长、穿透力较强的橙色和红色的光，所以随着太阳慢慢升起，天空的颜色是从红色变成橙色的，如图1-1-8所示的早晨天空的色彩。

图1-1-7 蔚蓝天空

图1-1-8 早晨的天空色彩

当落日缓缓消失在地平线以下时，天空的颜色逐渐从橙红色变为蓝色。即使太阳消失以后，贴近地平线的云层仍然会继续反射着太阳的光芒，由于天空的蓝色和云层反射的红色太阳光融合在一起，所以较高天空中的薄云呈现出红紫色，几分钟后，天空会充满淡淡的蓝色，它的颜色逐渐加深，并向高空延展，如图1-1-9所示的黄昏天空色彩。

接下来了解一下光线反弹。当白光照射到物体上时，物体会吸收一部分光线和反弹一部分光线，吸收和反弹的多少取决于物体本身的物理属性。当遇到白色的物体时，光线就会全部被反弹，当遇到的黑色的物体时，光线就会全部被吸收（当然，在真实物理世界里是找不到纯白或者纯黑的物体的），也就是说反弹光线的多少是由物体表面的亮度决定的。当白光照射到红色的物体上时，物体反射的光子就是红色（其他光子都被吸收了）。当这些光子沿着它的路线照射到其他表面时将是红光，这种现象叫做辐射，因此相互靠近的物体颜色会因此受到影响。如图1-1-10所示，笔的黄色部分在光线的照射下，辐射在书本上。

图1-1-9 黄昏天空色彩

图1-1-10 光线反弹

（2）自然光

所谓自然光，就是除人造光以外的光。在我们生活的世界里，主要的自然光就是太阳，它给大自然带来了丰富美丽的变化，让我们看到了日出、日落，感受到了冷暖，如图1-1-11所示。

① 中午时分。一天中正午时分的太阳光直射是最强的，画面对比是最大的，阴影也比较黑，相比其他时刻，中午的阴影的层次变化要少一点。

在强烈的光照下，物体色彩的饱和度看起来会比其他时刻低一些，而阴影细节变化却不丰富。所以在真实的基础上来表现更优秀的效果图时，选择中午时刻来表现效果图并不是不可以，但是相比其他时刻来说，其表现力度和画面的层次要弱一些。

图1-1-12是一个中午时刻的画面，从中可以看出，画面的对比很强烈，暗部阴影比较黑，而变化层次相对较少。

图1-1-11 自然光　　　　　　　　　　　　　图1-1-12 中午时分

② 下午时分。在下午这段时间里（大约14：30～17：30），阳光的颜色会慢慢变得暖一点，而色彩的对比度也慢慢地降低，同时饱和度慢慢地增加，天光产生的阴影也随着太阳高度的下降而变得更加丰富。

大体而言，下午的阳光会慢慢地变暖，而暖的色彩和比较柔和的阴影会让我们的眼睛在观察时感到更舒服，特别是在日落前大约1个小时的时间里更加明显，很多摄影师都会抓住这段黄金时刻去拍摄美丽的风景。

选择下午作为效果图的表现时刻，比起中午的时刻要好很多，因为此时不管是色彩还是阴影的细节都要强于中午。色彩的饱和度在这个时刻变得比较高，高光处的暖调和暗部的冷调，给我们带来了丰富视觉感受，如图1-1-13所示。

③ 日落时分。在日落时分，阳光变成了橙色甚至是红色，光线和色彩对比度变得更弱，较弱的阳光使天光的效果变得更加突出。所以，阴影色彩变得更深和更冷，同时阴影也变得比较长。

日落时，天空的色彩在有云的情况下会变得更加丰富，有时候还会呈现出让人感觉不可思议的美丽景象，这是因为此时的阳光看上去是从云的下面照射的。

从图1-1-14中可以看到，阳光不是那么强烈，且带有黄色的暖调，天光在这个时刻更加突出，暗部的阴影细节丰富，并且呈现出天光的冷蓝色。

④ 黄昏时分。黄昏在一天中是非常特别的，往往给人们带来美丽的景象。当太阳落山的时候，天空中的主要光源就是天光，而天光的光线比较柔和，它给我们带来了柔和的阴影和较低的对比度，同时色彩也变得更加丰富。

图1-1-13 下午时分

从图1-1-15可以看出，在黄昏的自然环境下，所有景物都沐浴在金黄色的光辉之中，画面有一种在白天无法得到的气氛。黄昏的光线近乎水平且光线柔和，它不但能产生明显的阴影，增强建筑的立体感，还能显示出阴影部位的层次和材料表面的质感纹理，所以黄昏时刻的光影关系也比较适合表现效果图。

⑤ 夜晚。在晚上的时候，虽然太阳已经落山，但是天光本身仍然是个光源，只是比较弱而已，它的光主要来源于被大气散射的阳光、月光，还有遥远的星光。所以大家要注意，晚上效果仍然有天光的存在，只是比较弱。

图1-1-16表现的是夜幕降临时的一个画面，由于太阳早已经下山，这时天光起主要作用，仔细观察屋顶，会发现它们往往呈现出蓝色。

⑥ 阴天。阴天的光线变化较少，天光主要呈现灰白色。从图1-1-17可以看出阴天的特点：阴影柔和、对比度低，而饱和度高，天光呈现灰白色，或淡淡的蓝色。

图1-1-14　　　　　图1-1-15　　　　　图1-1-16　夜晚　　　　图1-1-17　阴天
日落时分　　　　　黄昏时分

（3）室内光和人造光

室内光和人造光是为了弥补在没太阳光直射的情况下，光线不充分而产生的光照，比如阴天和晚上就需要人造光来弥补光照。同时，人造光也是人们有目的地去创造的，例如一般的家庭照明是为了满足人们的生活需要，而办公室照明则是为了使人们更好地工作。

① 窗户采光。窗户采光就是室外天光通过窗户照射到室内的光，窗户采光都是比较柔和的，因为窗户面积比较大（注意：在同等亮度下，光源面积越大，产生的光影越柔和）。在只有一个小窗口的情况下，虽然光影比较柔和，但是却能产生高对比的光影，这从视觉上来说都是比较有吸引力的。在大窗口或者多窗口的情况下，这种对比就减弱了。

从图1-1-18中可以看到，左侧由于窗户比较小，所以暗部比较暗，整个图的对比相对比较强烈，而光影却比较柔和；右侧在大窗户的采光环境下，整个画面的对比比较弱，由于窗户进光口大，所以暗部也不是那么暗。

图1-1-18　窗户采光

② 住宅钨灯照明。钨灯也就是大家平常看见的白炽灯，它是根据热辐射原理制成的，当钨丝达到炽热状态时，电能转化为可见光。一般而言，钨丝到达500℃时就开始发出可见光，随温度的增加，产生"红→橙黄→白"的渐变。人们平时看到的白炽灯的颜色都和灯泡的功率有关，一个15W的灯泡照明看上去很暗，色彩呈现红橙色，而一个200W的灯泡照明看上去就比较亮，色彩呈现黄白色。

通常情况下，白炽灯产生的光影都比较硬，人们为了得到一个柔和的光影，都会通过灯罩来改变白炽灯的光影，让它变得更柔和。

从图1-1-19可以看出，在白炽灯的照明下，高亮的区域呈现接近白色的颜色，随着亮度的衰减，色彩慢慢地变成了红色，最后到黄色；加上灯罩的白炽灯，光影要柔和很多，看上去并不是那么刺眼。

图1-1-19　钨灯照明

③ 餐馆、商店和其他商业照明。和住宅照明不一样，商业照明主要用于营造一种气氛和心情，设计师会根据不同的目的来营造不同的光照气氛。

餐厅室内照明把气氛的营造放在第一位，凡比较讲究的餐馆大厅多安装吊灯，无论是用高级水晶灯还是用吸顶灯，都使餐厅显得高雅和气派，但其造价确实可观。而大多数中小餐馆均以安装组合日光灯为宜，既经济又耐用，光线柔和适中，使顾客用餐时感到舒适。有些中档餐厅或快餐厅也有安装节能灯作为吸顶照明的，俗称"满天星"，经验证明这种灯为冷色，其造价不低而且质量较差，使用效果也非最佳，尤其是寒冷的冬季，顾客在此环境下用餐会感到阴冷，而且这种色调的灯光照在菜肴上会使本来色泽艳丽的菜肴顿时变得灰暗、混浊，难上档次，故节能灯不可取。另外，室内灯光的明暗强弱也会对就餐顾客产生不同的影响，一般在光线较为昏暗的地方用餐，使人没有精神，并使就餐时间加长；而光线明亮则使人在就餐时情绪兴奋，在大口咀嚼中促进消化和吸收，从而减少用餐时间。

商店照明和其他照明不一样，商店照明为了吸引购物者的注意力，创造合适的环境氛围，大都采用混合照明的方式，大致分类如下：

● 普通照明，这种照明方式是给一个环境提供基本的空间照明，用来把整个空间照亮。
● 商品照明，是对货架或货柜上的商品进行照明，保证商品在色、形、质三个方面都有很好的表现。
● 重点照明，也叫物体照明，它是针对商店的某个重要物品或重要空间的照明。比如，对橱窗的照明应该属于商店的重点照明。
● 局部照明，这种方式通常是装饰性照明，用来制造特殊的氛围。
● 作业照明，主要是指对柜台或收银台的照明。
● 建筑照明，用来勾勒商店所在建筑的轮廓，并提供基本的导向，营造热闹的气氛。

从图1-1-20可以看出，餐馆里的照明效果给人一种富丽的感觉，促进人们的食欲；商店里的照明效果在吸引购物者的注意力的同时，创造合适的环境氛围。

图1-1-20　餐馆、商店和其他商业照明

④ 荧光照明。荧光照明主要是为了节约电能而被广泛采用，它的色温通常是绿色，这和人眼看到的有点不同，因为人眼有自动白平衡功能。荧光照明被广泛地应用在办公室、驻地、公共建筑等地方，因为这些地方需用的电能比较多，所以能更多地节约电能。

从图1-1-21中可以看到荧光的照明效果，它的颜色呈现绿色，光影相对柔和。

⑤ 混合照明。我们常常可以看到室外光和室内人造光混合在一起的情景，特别是在黄昏，室内的暖色光和室外天光的冷色在色彩上形成了鲜明而和谐的对比，从视觉上给人们带来美的感受。

这种自然光和人造光的混合，常常会带来很好的气氛，优秀的效果图在色彩方面都或多或少地对此有借鉴。

在图1-1-22中，建筑不仅受到了室外蓝紫色天光的照射，同时在室内也有橙黄色的光照，这在色彩上形成了鲜明的对比，同时又给人以统一、和谐的感受。

图1-1-21　荧光照明　　　　　　　　　　图1-1-22　混合照明

⑥ 火光和烛光。比起电灯发出的灯光,火光和烛光的色彩变化往往比较丰富。需要注意的是,它们的光源经常跳动和闪烁。现代人经常用烛光来营造一种浪漫的气氛,就是因为它本身的色温不高,并且光影柔和(图1-1-23)。

图1-1-23　火光和烛光

三、色彩

我们生活在一个充满色彩的世界中,色彩刺激我们的视觉器官,而色彩也往往是艺术作品给人的第一印象。

1. 色彩与生活

色彩可以直接诉诸人的情感体验。它是一种情感语言,它所表达的是一种人类内在生命中或者心中某些极为复杂的感受。而在最能体现人类情感特性且与人的日常生活息息相关的室内设计中,色彩几乎可被称作是其"灵魂"。

2. 色彩意象

当我们看到色彩时,除了物理方面的印象,心里也会立即产生感觉。这种感觉一般难以用言语形容,我们称之为印象,也就是色彩意象。

(1)红色

由于红色容易引起注意,所以在各种媒体中也被广泛利用,除了具有较佳的视觉效果外,更被用来传达有活力、积极、热诚、温暖等含义的形象与精神。

(2)粉红色

复古的糖果粉红色是现今家居设计中比较流行的装修色调,这种色彩能使人高贵典雅,也能使人精神放松。明快的色调充满动力,身处这样的环境可以保持身心愉悦,更有足够的勇气和热情面对每一天的烦恼。

(3)橙色

橙色比红色更柔和,有更可相处的魅力,给人温暖、舒适、活泼等感觉,是一种理想的表现室内效果的色彩。

(4)黄色

黄色的高可见度,常用于有安全需要之处,黄比白更亮,常用于光线暗淡的空间。

(5)绿色

绿色所传达的是清爽、理想、希望、生长的意向,应用在书房可以缓解眼睛的视觉疲劳,应用在儿童房则蕴含了希望、生长的寓意。

(6)蓝色

由于蓝色沉稳的特性,具有理智、准确的意向,在设计中常应用在强调科技、效率的书房。

(7)紫色

由于具有强烈的女性化特征,在商业设计用色中,紫色也受到相当的限制,除了和女性有关的产品或企业形象之外,其他类的设计不常作为主色。

(8)褐色

褐色通常用来表现原始材料的质感,如麻、木材、竹片、软木等,或强调格调古典优雅的形象。

(9)灰色

在室内设计中,灰色具有柔和、高雅的形象,属于中间性格,男女皆能接受,所以灰色也是永远流行的主要颜色。

（10）白色

白色能容纳各种色彩，作为理想背景是无可非议的，应结合具体环境和空间性质，扬长避短、巧于运用，以达到理想的效果。

（11）黑色

黑色具有高贵、稳重、科技的意象，许多室内家电用品也都是黑色的；黑色庄严的意象也常用在一些特殊场合的空间设计，生活用品和服饰设计大多是用黑色来塑造高贵的形象。黑色也是一种永远流行的主要颜色，适合于许多色彩搭配。

四、材料选配

建筑装饰材料是设计的载体，任何设计想法都需要通过材料的构筑得以体现。设计不是天马行空的想象，它受材料和构造的限制。俗话说，"巧妇难为无米之炊"，设计师只有掌握各种材料的特性，借助艺术审美对材料进行合理搭配，并考虑到施工过程中材料的功能特征，精于选材，这样的设计才具有可行性和美观性。

说到材料选配，初学效果图的人可能都有同一种感觉，那就是不知道材料怎样选配才好。笔者建议大家应该多学习设计，了解材料的功能，从科学的角度来为场景选配材料。

1. 家居空间的材料选配

家居空间的材料选配主要依主人的喜好而定，有简约的也有奢华的，有稳重的也有前卫的。选用时应考虑人们近距离、长时间的视觉感受，甚至可以与肌肤接触等特点，材料不应有尖角或过分粗糙，也不应采用触摸后有毒或释放有害气体的材料。从人们的亲切自然感或人与室内景物的"对话"角度考虑，在家庭居室内，木材、棉、麻、藤、竹等天然材料适当配置室内绿化，始终具有引人的魅力，容易形成亲切自然的室内环境气氛。当然，住宅室内适量的玻璃、金属和高分子类材料，更能显示时代气息。饰面材料的选用，应同时具有满足实用功能和人们身心感受这两方面的要求，例如坚硬、平整的花岗岩地面，光滑、精巧的镜面饰面，轻柔、细软的室内纺织品，以及自然、亲切的木质面材等。

2. 办公空间的材料选配

办公环境处于人类生态环境微观的系统层次，是与人类关系最为密切的生活场景，空间特色除了可以通过空间造型的设计得以展现，往往更多的是通过建筑装饰材料的特性来体现，比如石材能体现其朴素性、木材能体现其艺术性、金属与玻璃能体现其现代性等。同时，办公空间要明亮清新，所以在搭配材料时应注意多以"简"为主，其目的是为了能让人有一个比较纯净的空间环境来办公，这样心神就不会受到外界的干扰。

3. 建筑外墙饰面材料的选配

如今，现代化的城市离不开时尚的建筑，而建筑常常被人们称为凝固的艺术品，它往往以其固有的外表影响着所在城市区域的艺术风格。建筑物的整体效果往往是由它的外形与外部装饰所决定的。随着城市逐步发展，建筑物的外墙装饰对于表现建筑物的风格和特点越发重要了。

外墙装修应兼顾建筑物的外观与环境协调、节能以及对建筑物的保护，选用适当的外墙装修材料可以有效地提高建筑物的美观、功能、耐久性和安全可靠性，降低维修费用。目前，在国内外应用于外墙装饰的材料主要有：装饰石材、玻璃幕墙、外墙饰面砖、各种饰面板材、建筑涂料等。

五、构图

构图学是绘画和摄影中的理论，但在效果图制作中也被广泛运用。在制作效果图时，经常会发现整个画面不协调，但又苦于找不到原因，其实这主要是构图不合理造成的。

1. 效果图构图的原则

（1）主题

效果图制作中要确定一个表现的主题，也就是说，做这张效果图的目的是给别人看什么。是墙体造型，天花造型，家具，整体空间气氛，还是物体细部？

空间效果图主要由一个主题延伸到局部空间，或者延伸到整个空间，这个主题就是画面的视觉中心。主题可以是家具，可以是造型，也可以是整个空间布局。

（2）平稳

画面安定、和谐、比例舒服，不会影响观者并令其产生别扭的心理。这就要求画面要稳，不能上下失衡、左右失衡。失衡又包括物体的和色彩的失衡。比如说，镜头太靠上，会给人带来头重脚轻、颜色上重下轻等感受。

（3）均衡

构图安排要有疏、有密，有明、有暗，有虚、有实，注意物体与物体间、物体与空间环境间、色彩与色彩之间的疏密变化，不能都靠在一起，也不能都分开。画面要讲究对比，要合理地进行疏密、明暗布局，从而表现出一定的虚实，形成不同的美感和艺术效果。

2. 效果图常见的构图方式

（1）十字形构图

十字形构图就是把画面分成四份，也就是在画面中心画横竖两条线条，中心交叉点是主体位置，此种构图，可增强画面的安全感、和平感和庄重以及神秘感，如图1-1-24所示。

图1-1-24　十字形构图

（2）三角形构图

三角形构图是在画面中将所表达的主体放在三角形中或者影像本身形成三角形的态势，如果是自然形成线形结构，可以把主体安排在三角形斜边的中心位置上，意图有所突破。三角形构图，易产生稳定感，如图1-1-25所示。

（3）对角斜线构图

对角斜线构图有延伸、冲动的视觉效果。斜线构图的画面要比垂直线构图的画面有动势，而且能形成深度空间，使画面具有活力，如图1-1-26所示。

（4）V字形构图

V字形构图是最富有变化的一种构图方法，其主要变化是在方向上的安排，或放倒或横放，但不管怎么放，其交合点必须是向心的，如图1-1-27所示。

图1-1-25 三角形构图

图1-1-26 对角斜线构图

（5）垂直线构图

垂直线构图能充分显示景物的高大和纵深，常用于沿街、建筑等大型场景。这种画面构图，表现鲜明、构图简练，如图1-1-28所示。

（6）C形构图

C形构图既有曲线美的特点又能产生视觉焦点，画面简洁明了。然而在安排主体对象时，必须安排在C形缺口处，使人的视觉随着弧线推移到主体对象，如图1-1-29所示。

图1-1-27 V字形构图　　　　图1-1-28 垂直线构图　　　　图1-1-29 C形构图

另外还有很多不同的构图方式，大家可以多去观察一些摄影家的作品，从中可以学习到很多关于构图的知识。

项目小结

　　本单元重点介绍了效果图设计的必备知识，包括技术、艺术等层面的，希望读者能够认真掌握这些内容，为后面的项目实战打下良好的基础。

项目二　3ds Max基础

一、3ds Max快速制作基础

1. 3ds Max工作界面

　　3ds Max是一个复杂、庞大的三维设计软件，初次接触3ds Max一定会对其复杂的菜单和工具栏，特别是层层叠加的命令面板感到惊讶。所以在学习之前，首先对3ds Max的工作界面及一些基本的操作进行简单的了解，以便快速熟悉3ds Max的建模环境，掌握一些基本工具的使用方法。

　　（1）标题栏、菜单栏

　　标题栏位于3ds Max界面的最顶部，它显示了当前场景文件的文件名、软件版本等基本信息。位于标题栏最左边的是的程序图标，单击它可打开一个图标菜单，双击它可关闭当前的应用程序。在它的右侧是文件名和软件名。在标题栏最右边的是Windows的3个基本控制按钮：最小化、最大化和关闭。

　　菜单栏位于标题栏下方，它与标准Windows的文件菜单结构和用法基本相同。菜单栏为用户提供了一个用于文件的管理、编辑及渲染的用户接口。

　　标题栏、菜单栏形态如图1-2-1所示。

图1-2-1　标题栏、菜单栏

　　（2）工具栏

　　工具栏分为主工具栏和浮动工具栏。

　　① 主工具栏。主工具栏的缺省位置位于菜单栏的下方，如图1-2-2所示。主工具栏里的工具用于对已经创建的物体进行选择、变换、赋予材质等。如果在默认状态下，工具栏上的工具不能全部显示，可以将鼠标箭头移动到按钮之间的空白处，当鼠标箭头变为 时，按住鼠标左键，左右拖动工具栏进行选择。

图1-2-2　主工具栏

- -
　　提示：许多按钮的右下角带有三角形标记，这表示该按钮是含有多重选择按钮的复选按钮。在这样的按钮上按住鼠标左键不放，会弹出一系列按钮以供选择，移动鼠标到需要的命令按钮上释放鼠标左键，则可进行选择。
- -

② 浮动工具栏。在主工具栏按钮之间的空白处单击鼠标右键，可以调出其他工具栏和命令面板，如图1-2-3所示。

（3）视图区

视图区是效果图创作的工作场地，它通常分为4个视图，即顶视图、前视图、左视图、透视图，顶视图：显示由上向下看到的物体形态，如图1-2-4所示。也可以切换为单视图显示方式，便于进行细部编辑。前视图：显示由前向后看到的物体形态，左视图：显示由左向右看到的物体形态，透视图：一般用于从任意角度观察物体的形态。

图1-2-3　浮动工具栏

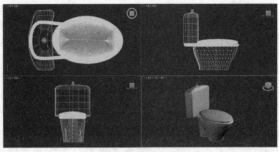

图1-2-4　视图区

① 快捷键。视图区的4个视图的位置不是固定不变的，它们之间可以相互转换，此外，还存在一些其他的视图，各个视图之间的转换可以通过快捷键来实现。

首先将要转换的视图激活，然后单击键盘上相应的快捷键来完成他们之间的转换。

P="Perspective"透视图，U="User"用户视图，T="Top"顶视图，B="Bottom"底视图，F="Front"前视图，L="Left"左视图，C="Camera"摄影机视图。

如果用户不喜欢这种视图布局，还可以选择其他的布局方式。更换布局的方法是单击"视图>视口配置"菜单命令，弹出的"视口配置"对话框中的"布局"选项卡提供了多种布局方式，用户可以选择任意一种，然后单击"确定"按钮即可改变。

每个视图的大小都可以根据自己的需要加以调整，只要把光标移动到视图的边界位置上，当光标变为左右或上下双向箭头的形态时，左右或上下拖拽鼠标，就可以实现视图大小的缩放。

② 菜单。在需要转换的视图左上角字标处单击鼠标左键，在弹出的快捷菜单中，将光标移动到相应的选项上，就可以将当前视图改变为需要设置的视图。另外，在偏后些的字标处单击鼠标左键，还可以根据需要调整对象的显示方式，模型对象显示方式如图1-2-5所示。

图1-2-5　模型不同显示方式

（4）命令面板

① 命令面板。命令面板的缺省位置位于3ds Max界面的右侧，由切换标签和卷展栏组成，如图1-2-6所示。该部分是3ds Max的核心工作区，为用户提供了丰富的工具及修改命令，用于完成模型的建立、编辑，动画轨迹的设置，灯光、

图1-2-6　命令面板

摄影机的控制等，外部插件的窗口也位于这里。命令面板是3ds Max中使用频率较高的工作区域。因此，熟练掌握命令面板的使用技巧是学习3ds Max的重点。

"创建"命令面板：创建命令面板中的物体类型共有7种，包括"几何体""图形""灯光""摄影机""辅助物体""空间扭曲物体"和"系统"。

在创建命令面板中，可以创建图形、几何体、灯光、摄影机、辅助物体等物体类型，所创建的物体将独立存在于三维场景中。在刚创建且未结束创建命令时可以直接进行修改或设定；如果创建完对象再进行调整，则只有通过进入修改命令面板来完成。

"修改"命令面板：修改命令面板主要功能包括改变现有物体的创建参数、应用修改命令调整一组物体或单独物体的几何外形、进行次物体组的选择和参数修改、删除修改以及转换参数物体为可编辑物体。

"层级"命令面板：主要用于调节相互连接的物体之间的层级关系。层级命令面板中包括4个命令项目："调整轴""工作轴""调整变换"和"蒙皮姿势"。

"运动"命令面板：提供了对选择物体的运动控制能力，可以控制它的运动轨迹以及为它指定各种动画控制器，并且对各个关键点的信息进行编辑操作。它主要配合"轨迹视图"一同完成动作的控制，分为"缓冲参数"和"轨迹"两部分。

"显示"命令面板：显示命令面板主要用于控制场景中各种物体的显示或隐藏、冻结或解冻的情况，通过显示/隐藏、冻结/解冻等控制，更好地完成效果图创作，加快效果图的创作速度。

"工具"命令面板：在缺省状态下，这里只列出了9个项目，包括"资源浏览器""摄影机匹配""塌陷"等。选择了相应的程序之后，命令面板下方就会显示出相应的参数控制面板。

② 命令面板的浮动与固定。命令面板的缺省位置位于用户界面的右侧，为了方便用户的操作，也可以设置为浮动的面板，放置在视窗中的任何位置。

浮动：在命令面板右侧空白处单击鼠标右键，在弹出的快捷菜单中选择"浮动"选项，此时，命令面板由"停靠"变为"浮动"。

停靠：如果要还原命令面板，将鼠标移动到浮动命令面板标题栏上，单击鼠标右键，从弹出的菜单中选择"停靠>右面"选项即可。

（5）视图控制区

视图控制区位于操作界面的右下角。它主要用于对视图区进行缩放、局部放大、满屏显示、旋转以及平移等显示状态的控制，其中有些按钮根据当前被激活视窗的不同而发生变化。根据不同的操作，视图控制区的形态不同，如图1-2-7所示。

（6）动画控制区

动画控制区主要用于对动画记录、播放、关键帧的锁定等进行控制，如图1-2-8所示。

顶视图

透视图

摄影机视图

图1-2-7 不同视图控制区的形态

图1-2-8 动画控制区

（7）信息区及状态行

在实际操作中，信息区及状态行（图1-2-9）主要用于对视图中对象的位置和状态进行提示说明。另外，在信息区左下角的空白处中单击鼠标右键，可打开一个脚本编辑窗口。

图1-2-9　信息区及状态行

2. 3ds Max制作效果图常用设置

在建模的过程中，用户经常会借助一些非常好用的工具来提高作图的速度，比如单位设置、精确定位、约束变换、隐藏、冻结等操作，因为这些操作没有直接的修改效果，暂称其为辅助功能。

（1）单位设置

单位的设置是在制作效果图前第一个要考虑的问题，因为它直接影响到后面的整体比例，无论是室内装饰还是室外建筑，一般情况都使用毫米作为，在用CAD绘制图纸时，使用的单位也是毫米，所以在使用3ds Max作图时同样使用毫米，只有这样才能更好地控制整体比例。

进行单位设置的具体步骤如下。

a. 单击"自定义>单位设置"菜单命令，在弹出的"单位设置"对话框中，单击"系统单位设置"按钮，将系统单位设置为毫米。

b. 在"显示单位比例"选项卡中，选中公制选项下的毫米，如图1-2-10所示。

此时，对场景的单位设置操作已完成。

另外，当所打开场景的单位设置与当前的系统单位不相符时，系统会显示"文件加载：单位不匹配"对话框，如图1-2-11所示。

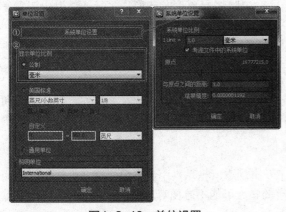

图1-2-10　单位设置

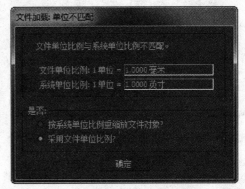

图1-2-11　"文件加载：单位不匹配"对话框

如果需要使用当前系统单位对打开场景中的对象进行重缩放，选中"按系统单位比例重缩放文件对象"即可。一般采用默认的"采用文件单位比例"选项。

（2）捕捉

3ds Max中的捕捉功能可以约束三大变换在执行变换操作时的变换量。对应三大变换，捕捉功能上也划分为三部分，分别是 捕捉切换、 角度捕捉切换、 百分比捕捉切换。

使用捕捉可以在创建、移动、旋转和缩放对象时进行控制，因为它们可以在对象或子对象的创建和变换期间捕捉到现有几何体或者网格的特定部分。捕捉对话框中的控制可以设置捕捉强度和其他属性，如捕捉目标。

在 捕捉切换上按住鼠标左键拖拽，可以在弹出的工具复选按钮中选择需要的3、2.5、2维捕捉模式；在按钮上单击鼠标右键，会弹出"栅格和捕捉设置"对话框，可以进行"捕捉"

和"选项"选项卡的设置，如图1-2-12所示。

在实际工作中，最常用的是2.5维捕捉模式，而其中最常用的是顶点、端点和中点捕捉。一定要养成运用捕捉的习惯，可以大大提高建模效率及精度。

（3）隐藏和冻结

隐藏和冻结可以暂时将不用的模型隐藏或冻结，对管理场景、高效利用系统资源起着很大的作用。首先在场景中选择要隐藏或冻结的物体，单击鼠标右键，在弹出的快捷菜单中选择隐藏或冻结命令即可，如图1-2-13所示。

图1-2-12 "捕捉"和"选项"选项卡的设置

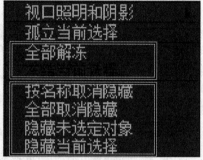

图1-2-13 右键快捷菜单

全部解冻：对场景中冻结的对象全部解冻。

冻结当前选择：只冻结当前处于选择状态的对象。

按名称取消隐藏：选择该命令，会弹出"取消隐藏对象"对话框，在对话框中选择需要取消隐藏的对象即可。

全部取消隐藏：取消场景中所有的隐藏对象。

隐藏未选定对象：隐藏场景中未选择的所有对象。

隐藏当前选择：隐藏场景中当前选择的对象。

需要注意的是，冻结的对象显示在场景中且在渲染时参与渲染计算。另外，有关隐藏和冻结的其他命令不难理解，更多的隐藏和冻结命令可以在"显示"命令面板下的相应卷展栏中找到。

（4）调整轴点

3ds Max为场景中的每一个对象都提供了一个轴点，当场景中的对象经过各种修改器的调整后，如从对象中将子对象分离出来，其原有的轴点可能不方便对对象进行调整，这就需要重新定位轴点。

以调整茶壶轴点为例，其具体步骤如下。

a．在顶视图中创建一个茶壶。观察茶壶对象当前的轴点位置（位于茶壶底部），如图1-2-14所示。

b．单击 "层级"命令面板，在"调整轴"卷展栏下单击"仅影响轴"按钮，然后再单击"居中到对象"按钮，这时，茶壶的轴点已经被调整到茶壶对象的物理中心位置，如图1-2-15所示。

c．再次单击"仅影响轴"按钮，取消轴调整命令。

除了上述调整方法外，还可以使用移动、旋转工具手动调整轴点位置、方向。

（5）自动备份的设置和使用

在实际工作中，经常会遇到3ds Max无故跳出、断电、死机等现象，那样我们辛辛苦苦制作的效果图很可能需要重新再制作。为了安全起见，最好养成随手保存的好习惯。但是忘记保

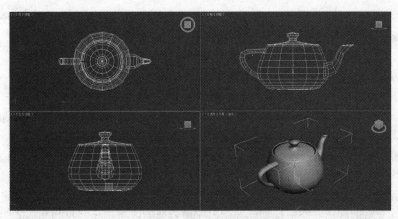

图1-2-14　茶壶初始轴心位置

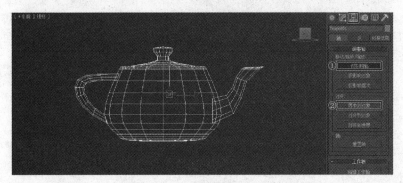

图1-2-15　调整茶壶轴心位置

存也是比较常见的，为此，3ds Max提供了一个自动备份文件的功能，在默认状态下5分钟保存一次，一共有3个备份文件。可执行"自定义>首选项"菜单命令，在弹出的"首选项设置"对话框中选择"文件"选项卡中进行设置。

　　3ds Max自动备份文件的默认保存文件路径是My Document（我的文档）\3ds Max\autoback文件夹。

　　3．3ds Max基本操作

　　（1）选择对象

　　选择对象即选定对象。要修改对象，或者利用材质编辑器赋予材质，都要首先选择对象。在众多的对象中如何快速、准确地选定操作对象，是熟练掌握3ds Max的关键环节。

　　3ds Max中提供了多种选择对象的工具，包括选择对象、按名称选择、矩形选择区域、按颜色选择等，这些工具大多数都集中在编辑下拉菜单中，在主工具栏中也包含了用来选择和变换对象的按钮。

　　① 选择对象。单击选择对象工具栏中的 按钮，移动光标至选择的对象上单击，当对象变成白色时即被选中。这时，如果单击其他对象，则原来对象的选中状态随即消失，同时新单击的对象呈现被选中状态。单击图中的空白部分，则已被选中对象的选中状态全部消失。如果想同时选中多个对象，可以配合使用Ctrl键。在选中第一个对象后按住Ctrl键，单击其他对象，则其他对象也将呈白色，表示同时被选中。如果要取消已选中对象，也要按住Ctrl键，再单击希望取消选中状态的对象即可。

　　② 区域选择。另一个选择多个对象的方式是使用 选择区域。使用此种方式时，用鼠标框出一个区域，然后根据自己的设置决定选择完全包含在此区域内的对象，还是选择此区域接

触到的所有对象。在选择对象时，区域选择比单击选择对象的方法要快得多，即使是选择单一的对象，也是一种非常方便的工具。

在工具栏里选择区域按钮是一个复选框按钮，按下按钮并将光标向下移动，则显示出完整的5种方式供用户选择。

矩形选择区域：选择区域是一个矩形，所有此矩形区域内的对象将被选中。

圆形选择区域：选择区域是一个圆形，所有此圆形区域内的对象都将被选中。圆形区域的建立是先选择圆心，然后拖动鼠标以确定所选区域的半径。

栏栅选择区域：选择区域是通过光标画线方式，确定的一个不规则的多边形，所有此多边形框内的对象都将被选中。

套索选择区域：选择区域是一个套索形状，所有此套索内的对象都将被选中。选择过程是：先选择套索的起点，然后拖动光标画出希望选择的区域，在起点和光标之间自动画出一条直线，以形成封闭的套索曲线。

绘制选择区域：绘制选择区域既可以在对象级别使用，也可以在次对象级别使用。选中这个工具后，鼠标就如同一支画笔（在工具栏上的绘图选择工具按钮上右击，可以修改画刷的直径），在模型上拖动鼠标就可以建立选择区域。

在3ds Max中还提供了 "窗口" 和 "交叉" 两种区域选择模式切换按钮。窗口方式：完全处于选择区域中的对象才会被选中。交叉方式：只要对象的一部分在选择区域内该对象就被选中。

下面举例说明窗口和交叉区域选择的具体步骤。

a. 在前视图中创建3个对象，分别是长方体、球、茶壶。

b. 确定为 "矩形选择区域"、窗口选择方式，在前视图中拖拽出一个矩形区域，则处于矩形区域内的物体被选择，如图1-2-16所示。

图1-2-16　窗口选择

c. 确定为 "矩形选择区域"、交叉选择方式，在前视图中拖拽出一个矩形区域，则与矩形区域相交且在区域内的物体都被选择，如图1-2-17所示。

图1-2-17　交叉选择

③ 按名称选择。当创建了一个包含许多对象的复杂场景时，单击主工具栏中的 "按名称选择" 按钮，在弹出的 "从场景选择" 对话框中，可以根据对象名称快速、准确地选择所需的对象。

（2）变换对象

变换对象是3ds Max中对对象进行的一种基本编辑方式，即改变对象的外观、形态和位置。

① ✛ 选择并移动。"选择并移动"工具可选择对象并在场景中移动对象，选择此项后，光标会变成一个小十字，此时可以将选定的对象移至满意的位置。

当用户需要精确定位对象的位置时，可以选定要定位的对象并在工具按钮上单击鼠标右键，在弹出的"移动变换输入"对话框中输入精确的位置坐标。

当处于移动状态时，也可以在屏幕下方信息区及状态行的相应文本框中，直接键入对象的目标位置。其中 ⊞ 按钮用于绝对坐标与相对坐标之间的切换， ⊞ 为绝对坐标模式， ⊕ 为相对坐标模式。

② ⟲ 选择并旋转。"选择并旋转"工具可对选择的对象进行旋转方位变换。选择此项后，光标将变成一个回转的箭头，此时用户可以以X、Y、Z轴为轴，对对象进行旋转操作。

当用户需要精确定位对象旋转的角度时，可以选定要旋转的对象并在工具按钮上单击鼠标右键，在弹出的"旋转变换输入"对话框中输入精确的角度。

③ ▧ 选择并均匀缩放。"选择并均匀缩放"工具可以改变对象的尺寸。选择此选项后，光标将变成一个三角架的形状，同时选中对象将出现X、Y、Z坐标轴。"缩放"有3种不同的方式，可以通过复选框按钮进行切换。

▧ 选择并均匀缩放：将对象进行等尺寸的立体缩放。默认情况下，当鼠标向上移动时，对象三个方向的尺寸同时放大。当鼠标向下移动时，对象同时缩小。当用鼠标拖动X、Y、Z轴中的任一轴时，向远离坐标原点的方向移动，则对象相应的尺寸放大，反之缩小。当鼠标置于任意两轴之间，连接两轴的边线将高亮显示，这时拖动鼠标将同时改变这两轴的尺寸。

▧ 选择并非均匀缩放：默认情况下是同时改变任意两轴的尺寸。

▧ 选择并挤压：默认情况下是改变任意一轴的尺寸。当鼠标处于两轴夹角之间时，可以同时改变相应两个方向的尺寸。与非均匀缩放方式不同之处是，非均匀缩放仅在确定的方向上有尺寸变化，而挤压是在保持对象体积不变的基础上，改变某一方向的尺寸。

④ ▣ 对齐。"对齐"工具可以有目的地定位物体的位置。在视图中选择一个当前物体，单击主工具栏中的"对齐"按钮，在视图中指向目标对象物体，当鼠标变为 ⊹ 形状时单击物体，弹出"对齐选择"对话框。

X、Y、Z位置复选框：指当前对象与目标对象在哪一坐标上对齐，可选其中之一，也可选择多个。

当前对象：指当前对象坐标值的最小、最大、中心，或者当前对象的轴点。

目标对象：指目标对象坐标值的最小、最大、中心，或者目标对象的轴点。

提示：设置完参数后，单击"应用"按钮，表示接受当前设置，继续进行下一次对齐操作设置；单击"确定"按钮表示接受当前设置，并关闭对话框；单击"取消"按钮，表示取消本次对齐操作。

（3）参考坐标系

在3ds Max中可以根据操作的需要设置参考坐标系，以便于确定对象的精确定位和旋转角度。可以在"参考坐标系"下拉菜单中设置坐标系。

视图：设置视图参考坐标系，视图坐标系是3ds Max中默认的坐标系。在平面视图中包括顶视图、前视图和左视图，其中所有的X、Y、Z轴的方向都完全相同。X轴的方向向右，Y轴的方向向上，Z轴的方向垂直屏幕向外指向用户。在平面视图中，视图坐标系是一种相对坐标系，没有绝对的坐标方向，但在透视图中会自动转换成场景坐标系。

屏幕：设置屏幕参考坐标系，无论在平面视图，还是在透视图中，X、Y、Z轴方向完全相同。屏幕坐标系较适于正交视图，在非正交视图中有时会发生问题。屏幕坐标系将依所激活的视图来定义坐标轴的方向，在视图中，X轴的方向永远向右，Y轴的方向永远向上，Z轴的方向永远从屏幕向外指向用户。当激活某一视图时，被激活的视图轴向维持不变，但却改变其在空间中的位置。

- 世界：设置世界参考坐标系，坐标方位是以场景所在的实际坐标系系统为准的。在前视图中，X轴方向向右，Z轴的方向向上，Y轴的方向垂直屏幕向里。坐标轴的方向将永远保持不变，改变视图时也是如此。
- 父对象：设置父对象参考坐标系，若场景中的对象之间有链接关系，则子对象的参考坐标以父对象的坐标系为准。若不存在链接关系的对象，则系统采用默认的场景坐标系。
- 局部：设置局部参考坐标系，坐标的原点是对象本身的轴心，坐标是对象本身的坐标系。
- 万向：设置万向参考坐标系，类似局部参考坐标系，但它旋转的三轴并不要求是互相垂直的。当用户旋转坐标系X、Y、Z任一轴时，只有被旋转的轴轨迹发生改变，其他两轴保持不变，这更有利于编辑功能曲线。
- 栅格：设置栅格参考坐标系，操作对象时，坐标以格线为基准。
- 拾取：设置拾取参考坐标系，所有对象的坐标以被选择对象本身的坐标为基准。

下面举例说明参考坐标系的使用步骤。

a．在顶视图中创建3个对象，分别是长方体、球、茶壶。

b．选择"屏幕"坐标系，在前视图中，选中并沿X轴移动茶壶，茶壶沿地平面的X轴方向移动；单击左视图，此视图的坐标轴将翻转，X轴仍为水平方向，Y轴仍为垂直方向。移动茶壶，对象仍沿平行于屏幕的方向移动，如图1-2-18所示。

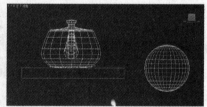

图1-2-18　"屏幕"坐标系

c．在前视图中选择长方体，单击"选择并旋转"工具，并在"状态行坐标输入"的Y轴处输入–30，即 ⊕ X: 0.0　 Y: –30　 Z: 0.0 。

将长方体旋转后观察坐标轴并沿X轴方向移动，长方体沿地平面的X轴方向移动；选择"局部"坐标系，再次观察坐标轴并沿X轴方向移动，长方体沿X轴所处的斜上方向移动，如图1-2-19所示。

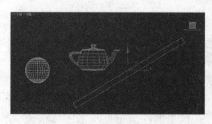

图1-2-19　"屏幕"、"局部"坐标系变化

d. 选择茶壶，选择"拾取"坐标系，单击被旋转后的长方体，此时，茶壶的坐标方向同长方体的坐标方向一致，同时，坐标系当前的状态被自动更换为 Box01 ▾；沿 X 轴方向移动茶壶，茶壶沿长方体表面平行移动，如图1-2-20所示。

（4）复制对象

① 复制。选择并在物体上单击鼠标右键，或在键盘上按住Shift键并结合"选择并移动"工具移动物体，都能打开如图1-2-21所示的对话框。

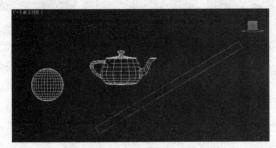

图1-2-20 "拾取"坐标系　　　　图1-2-21 "克隆选项"对话框

"克隆选项"对话框中提供了3种复制对象的方法，同时，也可以一次复制间距相等的多个对象。三种复制的对象都具备各自特殊的属性，在对它们进行修改时，所表现的结果是不一样的。

- 复制：一般为默认选项，以原始对象为标准，产生一个与原始对象完全一样的独立的对象。这里需要强调两点：一是与原始对象一样；二是与原始对象相互独立，即对复制产生的对象进行的任何操作与原始对象无关，而对原始对象的操作也与新产生的对象无关。

- 实例：选择此项，以原始对象为标准，产生原始对象在场景中不同位置的另一种表现形式。原始对象和复制产生的对象为互相关联关系，即对其中任何一个进行修改，都将影响到另一个物体。

- 参考：复制一个新的三维模型，并指定为参考属性。其解释是：单向实例复制，即对原始对象的修改操作将影响复制产生的对象，但对复制产生的对象的修改操作不会影响到原始对象。

注意：复制数量可以在副本数右面的数值框中输入，无论复制多少物体都会均匀分布。

------

② 阵列。选择对象后，单击"工具>阵列"菜单命令，打开如图1-2-22所示的对话框。使用阵列功能，可以按移动、旋转、缩放方式对对象进行一维、二维或三维阵列，对象类型同样有复制、实例与参考三类，其含义与复制对象相同。

③ 间隔工具。选择对象后，单击"工具>对齐>间隔工具"菜单命令，打开如图1-2-23所示的对话框。使用间隔工具，可以按"拾取路径"或"拾取点"按钮，并根据需要自定义"参数"方式来复制对象。对于等距离复制分布对象来说间隔工具是非常实用的，如窗帘环、栅格等。

④ ▦ 镜像。"镜像"工具用于复制轴对称物体。选择对象后，单击主工具栏中的"镜像"按钮，弹出如图1-2-24所示的对话框。

- 镜像轴：用于选择镜像的对称轴或对称面。其下面的偏移文本框内可输入数值，用于确定镜像对象与原对象的距离。

- 克隆当前选择：用于选择镜像对象的方式，其中的不克隆选项即只要镜像后对象，而其他三个选项与复制对象含义相同。

图1-2-22 "阵列"对话框

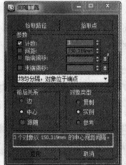

图1-2-23
间隔工具

图1-2-24
镜像

4. 3ds Max 效果图设计流程

不同专业的三维效果图虽然各具特色，但万变不离其宗，它们具有很多共性，具有相同的工作流程。下面来了解建筑外观表现效果图设计流程，建立起一个整体印象，并熟悉各阶段需要完成的任务。

（1）建立模型

建立模型（以下简称建模）是效果图创作过程中的第一步，也是后续工作的基础与载体。在建模阶段应当遵循以下几点原则。

● 外形轮廓准确：在这个阶段要强调准确性，没有准确的外形轮廓就不可能有正确的建筑效果。在 3ds Max 中，有很多用来精确建模的辅助工具，包括单位设置、捕捉和对齐等。在实际创作过程中，应灵活运用这些工具，以求达到精确建模的目的。

● 分清细节层次：在满足结构要求的前提下，应尽量减少模型的复杂程度，即尽量减少点、线、面的数量。因为过于复杂的模型将会使系统陷入瘫痪，以致无法进行后续的工作，直接影响至整个设计过程的效率，这是在建模阶段需要着重考虑的问题。

● 建模方法灵活：3ds Max 提供了多种建模方法，这些方法都有各自的优缺点及适用范围。用不同方法创作出来的模型虽然形状相同，但其点、线、面的复杂程度却千差万别。不仅要选择一种既准确又快捷的方法来完成建模过程，还要考虑到后续编辑工作中是否利于修改。

● 兼顾贴图坐标：由于建立的大部分模型的表面都要赋予纹理贴图，因此在建模阶段就要考虑到贴图坐标问题。在 3ds Max 系统中，创建的物体都有其默认的贴图坐标。但是经过一些优化或编辑修改后，其默认贴图坐标将会错位，就应该重新为此物体创建新的贴图坐标。

（2）调制材质

当模型建立完成后，就要为各造型赋予材质。材质是某种材料本身固有的颜色、纹理、反光度、粗糙度和透明度等属性的统称。要想创作出真实的材质，应仔细观察现实生活中真实材料的表现效果，分辨出不同事物的材料、质地所带来的不同感受。

在调制材质阶段应当遵循以下几点原则。

● 正确的纹理：一种材料最直接的材质表现就是它的表面纹理，因此，在调制材质时，首先要表现出正确的纹理，通常是通过为物体赋予一张纹理贴图来实现的。但应当注意的是，要尽量选用边缘能无缝连接的无缝贴图。

● 适当的明暗方式：不同的材质对光线的反射程度有很大区别，针对不同的材质应当选用适当的明暗方式。例如，塑料与金属的反光效果就有着很大的不同，塑料的高光较强但范围很小，常用"塑性"这种明暗方式来调制；金属的高光很强，而且高光区与阴影之间的对比很强烈，常用"金属"这种明暗方式来调制。

- 活用各种属性：一个好的材质不是仅靠一种纹理来实现的，还需要其他属性的配合。这些属性包括透明度、自发光、高光强度、光泽度等，我们应当灵活运用这些属性来完成真实材质的再现。
- 降低复杂程度：复杂的材质会加重计算机的负担，也会增大渲染的工作量、延迟出图时间，在创作过程中应尽量避免设置不必要的材质属性。一般来说，靠近镜头的材质可以创作得细腻一些，而远离镜头的地方可以选用一些简单的材质，尽量慎用反射、折射，因为它们将会使渲染时间成倍增长。在调制其他材质时，可先将这两个选项的勾选取消，待最后渲染成图时再将其勾选。

（3）摄影机和灯光设置

在建模与赋材质阶段，为了观看方便，可以设置一架临时摄影机与一些临时灯光，以便照亮整个场景或观看某些细部。一旦完成建模与赋材质之后，就需要重新调整摄影机与布设灯光。

灯光在效果图中起着至关重要的作用。质感通过照明得以体现，物体的形状及层次是靠灯光与阴影表现出来的。效果图的真实感很大程度上取决于细节的刻画，由此可见灯光效果的重要性。

在设计过程中，可以用3ds Max提供的各种灯光去模拟现实生活中的灯光效果。当在场景中设置灯光后，物体的形状、颜色不仅取决于灯光，材质也同样在起作用。因此，在调整灯光时往往需要不断调整材质的颜色及其他参数，以使两者相互协调。

室外照明要比室内简单一些，因为室外效果图基本上是在模拟日光，室内就大不相同了，它的光源非常复杂，而且照明和灯具布置对创造空间艺术效果有密切的影响，光线的强弱、光的颜色以及光的投射方式都可以明显地影响空间感染力。但无论室内还是室外，照明的设计要和整个空间的性质相协调，要符合空间设计的总体艺术要求，形成一定的环境气氛。

（4）渲染输出

在3ds Max中设计效果图，无论是在设计过程中还是在设计完成后，都要对设计的结果进行渲染，以便观看其效果并进行修改。

渲染占用的时间非常多，所以一定要有目的性地进行渲染。在最终渲染成图之前，还要确定需要的成图的大小，输出文件应当选择可存储通道的格式为宜。

（5）后期处理

当一幅效果图在3ds Max系统中渲染完成后，通常还要使用Photoshop等图像处理软件进行效果图的后期处理。效果图如果没有配景作衬托，就会显得很单调。但它毕竟不是风景画，因此在任何情况下都应突出建筑物，注意表现主体，而不应出现喧宾夺主的现象。

效果图后期处理一般包括以下几个方面。

- 处理色调及明暗度：在合成背景前与后，都需要对作品的细节色彩进行调整，主要是调整图像的色调、明暗度和对比度等，使整幅作品层次分明，增强艺术感染力。这里着重指通过Photoshop的编辑功能进行调节。在3ds Max中，有些光效创作起来很费时间，尤其是夜景灯光以及灯具上的光晕，而在Photoshop中可以很方便地创作这些光效。
- 环境后期处理：应当尽量模拟真实的环境和气氛，使建筑物与配景环境能够和谐统一，给人以身临其境的感觉。配景环境固然重要，但不是效果图的主角，只能作为陪衬，主要突出的还是建筑物主体。
- 修改缺陷，这是效果图后期处理的第一部分，主要是修改模型的缺陷或由于灯光设置所形成的错误。
- 调整图像的品质，通常是使用"亮度/对比度""色相/饱和度"等进行调整，以得到更加清晰、富有层次感的图像。

- 添加配景，使建筑效果图更加真实、生动。
- 制作特殊效果，比如制作光晕、光带，绘制水滴、喷泉等。在制作特殊效果的过程中，要时刻注意效果图的整体构图。所谓构图，就是将画面的各种元素进行安排，使之成为一个和谐完美的整体。就建筑效果图来说，要将形态各异的主体与配景元素统一成整体。首先应使主体建筑突出醒目，能起到统领全局的作用；其次，主体与配景之间应形成对比关系，使配景在构图、色彩等方面起到衬托作用。还需要注意的是，在后期处理时所添加的配景，无论是人物还是车子，都必须保证其透视角度与建筑物的透视角度保持一致，光影效果与建筑物的光影效果一致。

二、常用建模技术

建模是 3ds Max 的基本模块之一。不过 3ds Max 的应用领域十分广泛，所以在各个领域所使用到的建模手法也不一样，工具的选择也存在很大的差异。下面主要介绍一下在制作效果图时所使用的建模方法。

1. 样条线建模

编辑样条线通常使用在构建模型的基础部分。

（1）创建样条线

在 3ds Max 中，任何一种二维图形都可以被转换为可编辑样条线。将二维图形转换为可编辑样条线有两种方法：一是选中并右键单击要编辑的样条曲线，在右键菜单中选择"转换为>转换为可编辑样条线"；二是选中要编辑的样条曲线，单击"修改面板>修改器列表"，在弹出的下拉列表中选择"编辑样条线"命令。

（2）编辑样条线

- 创建线：向所选对象添加更多样条线。这些线是独立的样条线子对象。
- 断开：将一个或多个顶点断开以拆分样条线。
- 附加：将其他样条线附加到当前选定的样条线对象中合并成一个整体。
- 附加多个：以列表形式将场景中其他图形附加到样条线中。

①"顶点"子对象

- 优化：在样条线上添加顶点，如图 1-2-25 所示。

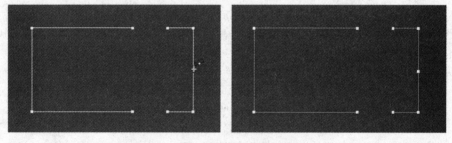

图1-2-25 优化

- 端点自动焊接：自动焊接两个距离非常近的点。两点间的距离小于阈值距离时，自动焊接为一个顶点。阈值距离：设置自动焊接的距离范围。
- 焊接：将选定的两个点焊接为一点。具体操作方法：选定点，设置焊接距离，单击"焊接"按钮（两点间距离小于设置的焊接阈值时焊接为一点）。

注意：两个节点间的距离必须小于焊接距离。

- 连接：连接所选节点，在非闭合曲线的两端点之间拖动鼠标连接，自动在两点间连接一条线段，两节点位置不变，如图1-2-26所示。

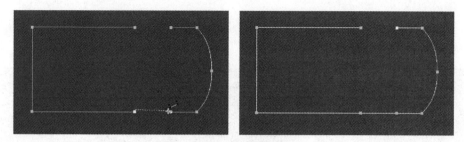

图1-2-26　连接

注意：连接两个端点时，会强制把节点类型改为Bezier　角点。

- 设为首顶点：指定所选形状中的哪个顶点是第一个顶点。
- 熔合：将所有选定顶点移至它们的平均中心位置。

注意："熔合"不会连接顶点，它只是将它们移至同一位置。

- 圆角：在当前顶点处设置圆角，添加新的控制点。
- 切角：在当前顶点处设置切角，添加新的控制点。

注意：圆角半径、切角距离值至少要小于当前顶点处最小边长值，如图1-2-27所示。

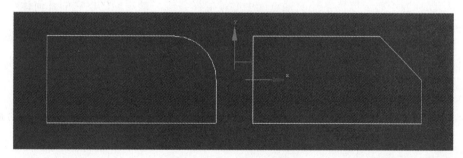

图1-2-27　圆角、切角

- 隐藏：隐藏所选顶点和任何相连的线段。
- 全部取消隐藏：显示任何隐藏的子对象。
- 删除：删除所选的一个或多个顶点，以及与每个要删除的顶点相连的那条线段。

②"线段"子对象

- 删除：删除当前形状中任何选定的线段。
- 拆分：将线段以顶点数来拆分。
- 分离：将线段分离。
  - 同一图形：分离线段并保留为原图形的一部分（而不是生成一个新图形）。
  - 重定向：分离线段并生成新图形，且移动并与当前活动栅格的原点对齐。
  - 复制：分离线段并生成新图形，与原复制的线段位置重合。

③"样条线"子对象

- 轮廓：将样条线偏移来生成轮廓，当样条线是单根时生成的轮廓是闭合的，如图1-2-28所示。
- 布尔：将同一个图形内部的第一个样条线与第二个样条线进行布尔操作，将两个闭合多边形组合在一起，如图1-2-29所示。

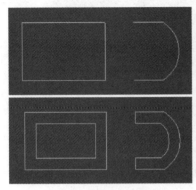

图1-2-28　轮廓

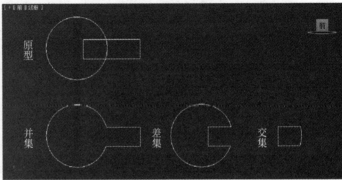

图1-2-29　布尔

> 并集：将两个重叠样条线组合成一个样条线，重叠的部分被删除。
> 差集：从第一个样条线中减去与第二个样条线重叠的部分，并删除第二个样条线中剩余的部分。
> 交集：取两个样条线的重叠部分。
- 镜像：沿长、宽或对角方向镜像样条线。
> 复制：在镜像样条线时复制样条线。
> 以轴为中心：以样条线的轴点为中心镜像样条线。禁用后，以它的几何体中心为中心镜像样条线。
- 修剪：将样条线相交重叠部分修剪，使端点接合在一个点上。
- 延伸：将开口的样条线末端延伸到达另一条相交的样条线上，如果没有相交样条线，则不进行任何处理。
- 关闭：将所选样条线的端点与新线段相连，来闭合该样条线。
- 炸开：将每个线段转化为一个独立的样条线或对象。这与样条线在"线段"子对象中使用"分离"的效果相同，但更节约时间。

2．修改器建模

（1）倒角

"倒角"修改器可以将图形挤出为3D对象，并在边缘应用平滑的倒角效果，其参数设置面板包含"参数"和"倒角值"两个卷展栏。

①"参数"卷展栏

封口：分别对物体的始端和末端进行加盖控制，如果两端都加盖，则为封闭实体。

- 封口类型：设置顶盖表面的构成类型。
- 变形：不处理表面，以便进行变形操作，制作动画。
- 网格：进行表面网格处理。

曲面：

- 线性侧面：倒角物体的侧面线条为直线方式。
- 曲线侧面：倒角物体的侧面线条为弧线方式。

● 分段：段数越多，曲线越光滑（主要用于曲线侧面）。

● 级间平滑：对倒角进行光滑处理。

相交：防止从重叠的临近边产生锐角。因为倒角操作最适合于弧状图形或图形的角大于90°，而小于90°的锐角会产生极化倒角，常常会与邻边重合。

● 避免线相交：对倒角进行光滑处理，但总保持顶盖不被光滑处理。在倒角制作时，有些尖锐的折角会产生突出变形，从而破坏整个造型，打开此选项，可以防止尖锐折角产生的突出变形。

注意：选中时，会增加系统的运算时间，可能会等待很久，且将来在改动其他倒角参数时也会变得迟钝，所以尽量避免使用这个功能。如果遇到线相交的情况，最好返回曲线图形中手动进行修改，将转折过于尖锐的地方调节圆滑。

● 分离：设置两个边界线之间保持的间隔距离，以防止越界交叉。

注意：为文字建立倒角时，达到一定轮廓值后，会产生交叉，可选定"避免线相交"去除交叉。

-----

② "倒角值"卷展栏

开始轮廓：设置对原始图形的外轮廓大小，非零设置会改变原始图形的大小。正值变大，负值变小。

级别：包含两个参数，表示起始级别的改变。

高度：设置级别1在起始级别之上的距离即拉伸的长度。

轮廓：设置级别1的轮廓到起始轮廓的偏移距离。

注意：轮廓的值是相对于前一级图形而设定的，正值扩大、负值缩小，为0时图形不变。

级别2、级别3：可选，且允许改变倒角量和方向，效果如图1-2-30所示。

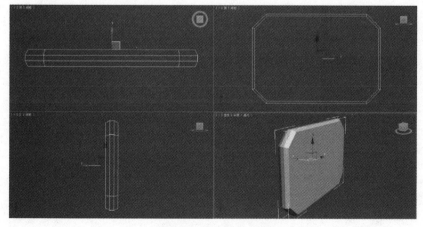

图1-2-30　倒角效果

注：必须始终设置级别1的参数。

（2）倒角剖面

"倒角剖面"是将截面图形沿指定路径曲线进行拉伸处理，从而创建三维模型。该修改器常用来创建具有多个倒角剖面的三维对象，是斜切建模法的延伸，如图1-2-31所示。

封口：分别对物体的始端和末端进行加盖控制，如果两端都加盖，则为封闭实体。

封口类型：设置顶盖表面的构成类型。

下面举例说明倒角剖面的制作步骤。

a．条件：当前场景中需要建立两个二维对象，一个为路径，一个为截面。

b．步骤：选择路径，单击"拾取剖面"按钮，在视图中单击截面图形，完成操作。

注意：当截面图形为闭合图形时，得到的三维对象是环状空心的，如图1-2-32所示；当截面图形为未闭合图形时，得到的三维对象中心是实体，如图1-2-33所示。

图1-2-31　倒角剖面参数

图1-2-32　倒角剖面（截面为闭合图形）

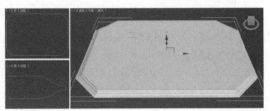

图1-2-33　倒角剖面（截面为未闭合图形）

（3）弯曲

"弯曲"是对所创建的实体造型施加均匀的弯曲。如图1-2-34所示，通过它可以控制在X、Y、Z任何一轴向的弯曲角度。

① 弯曲修改器堆栈

线框：在此子对象层级，可以改变弯曲修改器的效果。平移线框会将其中心点调整至合适的位置，旋转和缩放会相对于线框的中心进行。

中心：在此子对象层级，平移中心并改变弯曲线框的图形，可由此改变弯曲对象的图形。

② 弯曲参数

● 角度：控制弯曲角度的大小。

● 方向：调整弯曲方向的变化。

● 弯曲轴：设置弯曲的轴向。

● 限制效果：激活后对弯曲的限制生效。

● 上限、下限：只有在上下限之间的部分才会发生弯曲变形，参数设置如图1-2-35所示；效果如图1-2-36所示。如果上下限相等，其效果相当于禁用"限制效果"。

（4）挤出

"挤出"是将二维图形转化为三维模型的常用方法，给二维图形增加高度，将二维图形转换成三维模型，如图1-2-37所示，图形挤出后效果如图1-2-38所示。

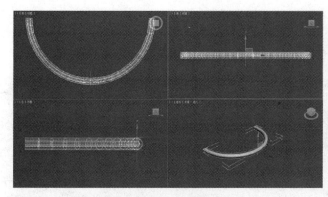

图1-2-34　弯曲的造型　　　　图1-2-35　弯曲参数

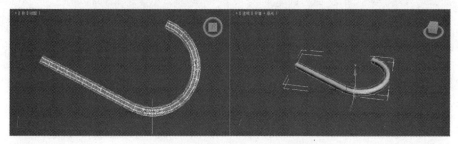

图1-2-36　弯曲上、下限控制

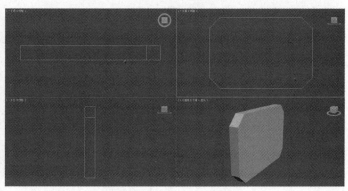

图1-2-37　挤出参数　　　　图1-2-38　挤出效果

● 数量：拉伸厚度。

● 分段：设置拉伸物体厚度上的分段数，数值越大，拉伸出的部分越光滑。

封口：设置挤出模型两端是否具有端盖以及端盖的方式。

● 封口顶端、封口末端：在图形顶端、末端加面，使其封闭。

● 变形：变形的方式产生端盖。保证点面数恒定不变，主要用于变形动画的制作。

● 栅格：以栅格的方式产生端盖。

输出：设置挤出模型的创建方式。

● 平滑：物体表面进行光滑处理。

（5）FFD自由变形

"FFD自由变形"通过控制点的移动使网格对象产生平滑一致的变形，是对网格对象进行变形修改最重要的命令之一。

① FFD 的使用主要通过其修改器堆栈来实现

● 控制点：在此子对象层级，可以选择并操纵晶格的控制点，可以一次处理一个或以组为单位处理。堆栈设置如图1-2-39所示，控制点调整如图1-2-40所示。

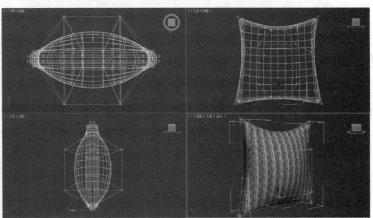

图1-2-39 "FFD自由
变形"修改器堆栈

图1-2-40 调整控制点

● 晶格：在此子对象层级，可从几何体中单独的摆放、旋转或缩放晶格框。
● 设置体积：在此子对象层级，可以选择并操作控制点而不影响修改对象。
② FFD 自由变形
● 设置点数：设置长、宽、高控制点数。
a. 显示
● 晶格：将绘制连接控制点的线条以形成栅格。
● 源体积：控制点和晶格会以未修改的状态显示。
b. 变形
● 仅在体内：只有位于源体积内的顶点会变形。
● 所有顶点：将所有顶点变形，不管它们位于源体积的内部还是外部。
c. 控制点
● 重置：将所有控制点返回到它们的原始位置。
● 全部动画化：将控制器指定给所有控制点，这样它们在"轨迹视图"中立即可见。
● 与图形一致：在对象中心的控制点位置之间沿直线延长线，将每一个 FFD 控制点移到修改对象的交叉点上，这将增加一个由"偏移"微调器指定的偏移距离。
● 内部点：仅控制受"与图形一致"影响的对象内部点。
● 外部点：仅控制受"与图形一致"影响的对象外部点。
● 偏移：受"与图形一致"影响的控制点偏移对象曲面的距离。
● 关于（About）：显示版权和许可信息对话框。
（6）车削
　　"车削"是将二维图形绕某个坐标轴旋转成为三维模型，如图1-2-41所示。

● 度数：旋转角度，取值范围为0°～360°。
● 焊接内核：将轴心重合的顶点进行焊接，旋转中心轴的地方将产生光滑的效果，得到平滑无缝的模型，简化网格面。

图1-2-41 车削效果

- 翻转法线：若显示不正确，可选择（法线控制物体的面方向，翻动法线即交换物体的正反面）。若希望使创建的车削对象内表面外翻、互换，可选择。
- 分段：设置圆周方向的平滑度，数值越大，造型越光滑。
- 封口：旋转模型起止端是否具有端盖以及端盖的方式。
- 方向：设置截面旋转轴的方向，默认为Y轴。如果选择的轴向不正确，造型就会产生扭曲。
- 对齐：设置截面旋转轴的位置。
  - 最小：旋转轴在截面的最小坐标位置（线条左端与旋转轴对齐）。
  - 中心：旋转轴在截面的中心坐标位置（线条中心与旋转轴对齐）。
  - 最大：旋转轴在截面的最大坐标位置（线条右端与旋转轴对齐）。
- 平滑：对旋转模型的表面进行光滑处理。

（7）锥化

"锥化"用来缩放实体造型的端部，从而产生一个锥化轮廓。

① 锥化修改器堆栈

- 线框：在此子对象层级，可以与弯曲一样对线框进行变换或改变锥化修改器的效果。平移线框会将其中心点调整至合适的位置，旋转和缩放会相对于线框的中心进行。
- 中心：在此子对象层级，可以平移中心，改变锥化线框的图形，并由此改变锥化对象的图形。

② 锥化参数

- 数量：控制锥化程度。
- 曲线：控制锥化后椎体曲线的程度，数值为正数时实体边缘向外凸，数值为负数时实体边缘向内凹，如图1-2-42所示。

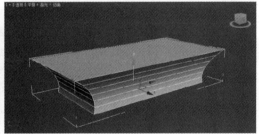

图1-2-42　曲线程度

锥化轴

- 主轴：其中X、Y、Z分别用来定义实体造型锥化的三个基本轴，即垂直于变形底面的轴。
- 效果：用来控制形变的扩张。若想均匀锥化，一般单击XY轴、YZ轴、ZX轴；若只想在单轴上形变扩张，则只选X、Y、Z单轴。
- 对称：以锥化中心（实体造型中心）为对称轴产生对称锥化。
- 限制：与弯曲中的限制一致，通过控制上、下限来约束锥化范围，锥化仅发生在上、下限之间的区域。

3. 复合建模

复合建模是将两个或两个以上的对象结合成一个新的对象。

（1）放样

"放样"是在制作效果图时常用的一种创建复杂造型的方法，在造型制作上有着很大的灵活性，利用它可以创建各种特殊形态的造型。不仅如此，3ds Max 系统还为放样物体提供了强大的修改编辑功能，使用户可以更加灵活地控制放样物体的形态。

图1-2-43　放样创建方法

① 放样建模步骤

● 创建要成为放样路径的图形以及作为放样横截面的一个或多个图形，"创建方法"卷展栏如图1-2-43所示。

● 执行下列操作之一：

➢ 选择路径图形并使用"获取图形"将横截面添加到放样。

➢ 选择横截面图形并使用"获取路径"来对放样指定路径。

- -

注意：根据需要，使用"获取图形"来添加附加的图形。

- -

② 设置放样对象的参数

a. 曲面参数

● 平滑长度、平滑宽度：分别提供两种平滑方式，默认为启用。

● 应用贴图：启用和禁用放样贴图坐标。必须启用"应用贴图"才能访问其余的项目。

● 长度重复：设置沿着路径的长度重复贴图的次数。

● 宽度重复：设置围绕横截面图形的重复贴图的次数。

● 规格化：启用该选项后，将忽略顶点且沿着路径长度并围绕图形平均应用贴图坐标和重复值；如果禁用，主要路径划分和图形顶点间距将影响贴图坐标间距，将按照路径划分间距或图形顶点间距成比例应用贴图坐标和重复值。

● 生成材质ID：在放样期间生成材质ID。

● 使用图形ID：提供使用样条线材质ID来定义材质ID的选择。

b. 路径参数

● 路径：通过输入值或拖动微调器来设置路径的级别。

● 捕捉：用于设置沿着路径图形之间的恒定距离。

● 启用：当勾选时，"捕捉"处于活动状态。

● 百分比：将路径级别表示为路径总长度的百分比。

● 距离：将路径级别表示为路径第一个顶点的绝对距离。

● 路径步数：将图形置于路径步数和顶点上，而不是作为沿着路径的一个百分比或距离。

● 拾取图形：将路径上的所有图形设置为当前级别。

● 上一个图形：从路径级别的当前位置上沿路径跳至上一个图形上。

● 下一个图形：从路径层级的当前位置上沿路径跳至下一个图形上。

c. 蒙皮参数

● 封口始端：如果启用，则路径第一个顶点处的放样端被封口；如果禁用，则放样端为打开或不封口状态，默认设置为启用。

● 封口末端：如果启用，则路径最后一个顶点处的放样端被封口；如果禁用，则放样端为打开或不封口状态，默认设置为启用。

● 变形：按照创建变形目标所需的可预见且可重复的模式排列封口面。变形封口能产生细长的面，与那些采用栅格封口创建的面一样，这些面也不进行渲染或变形。

● 栅格：在图形边界处修剪的矩形栅格中排列封口面。

● 图形步数：设置横截面图形的每个顶点之间的步数。

● 路径步数：设置路径的每个主分段之间的步数。

- 优化图形：如果启用，则对于横截面图形的直分段，忽略"图形步数"。如果路径上有多个图形，则只优化在所有图形上都匹配的直分段，默认设置为禁用。
- 优化路径：如果启用，则对于路径的直分段，忽略"路径步数"。"路径步数"设置仅适用于弯曲截面。仅在"路径步数"模式下才可用，默认设置为禁用。
- 自适应路径步数：如果启用，则分析放样，并调整路径分段的数目，以生成最佳蒙皮。主分段将沿路径出现在路径顶点、图形位置和变形曲线顶点处；如果禁用，则主分段将沿路径只出现在路径顶点处，默认设置为启用。
- 轮廓：如果启用，则每个图形都将遵循路径的曲率。每个图形的正Z轴与形状层级中路径的切线对齐；如果禁用，则图形保持平行，且与放置在层级中的图形保持相同的方向，默认设置为启用。
- 倾斜：如果启用，则只要路径弯曲并改变其局部Z轴的高度，图形便围绕路径旋转。
- 恒定横截面：如果启用，则在路径中的角处缩放横截面，以保持路径宽度一致；如果禁用，则横截面保持其原来的局部尺寸，从而在路径角处产生收缩。
- 线性插值：如果启用，则使用每个图形之间的直边生成放样蒙皮；如果禁用，则使用每个图形之间的平滑曲线生成放样蒙皮，默认设置为禁用。
- 翻转法线：如果启用，则将法线翻转180°。可使用此选项来修正内部外翻的对象。
- 四边形的边：如果启用该选项，且放样对象的两部分具有相同数目的边，则将两部分缝合到一起的面将显示为四方形。具有不同边数的两部分之间的边将不受影响，仍与三角形连接。默认设置为禁用。
- 变换降级：使放样蒙皮在子对象图形/路径变换过程中消失。例如，移动路径上的顶点使放样消失。如果禁用，则在子对象变换过程中可以看到蒙皮，默认设置为禁用。
- 蒙皮：如果启用，则使用任意着色层在所有视图中显示放样的蒙皮，并忽略"着色视图中的蒙皮"设置；如果禁用，则只显示放样子对象，默认设置为启用。
- 着色视图中的蒙皮：如果启用，则忽略"蒙皮"设置，在着色视图中显示放样的蒙皮；如果禁用，则根据"蒙皮"设置来控制蒙皮的显示，默认设置为启用。

d．变形

- 缩放：放样建模中最常用的变形工具。在X、Y两个轴上对放样对象进行缩放。对话窗口分别以百分数显示放样对象的外形。默认为锁定XY轴，需要分别在X或Y轴上进行缩放，可将其解锁。使用缩放功能可编辑出复杂的对象。
- 扭曲：使用变形扭曲可以沿着对象的长度创建盘旋或扭曲的对象，扭曲将沿着路径指定旋转量。
- 倾斜："倾斜"变形围绕局部X轴和Y轴旋转图形。
- 倒角：倒角变形。
- 拟合：使用拟合变形可以使用两条"拟合"曲线来定义对象的顶部和侧剖面。

下面举例说明放样的步骤

a．条件：在当前场景中建立三个二维对象，一个为路径，另一个为横截面，如图1-2-44所示。

b．步骤：

➤ 选择路径，单击"创建面板>几何体"按钮，选择"复合对象"选项中的"放样"。

➤ 在"路径"处输入数值后，单击"获取图形"按钮，再在视图中单击横截面图形，由此循环往复，如图1-2-45所示。

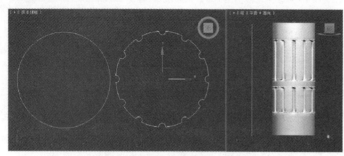

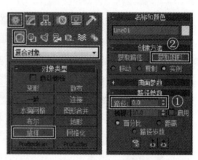

图1-2-44 放样路径、截面　　　　　　　　图1-2-45 放样步骤

注意：其中，左侧圆形的路径分别为15、52、57、80；右侧横截面图形的路径分别为17、50、59、79。在设置路径的过程中，路径值由小至大依次输入，每输入一次路径值就需要单击一次"获取图形"按钮，再在视图中点击相应的横截面图形。

> 在"变形"卷展栏中选择"缩放"来进一步编辑放样物体，效果如图1-2-46所示。

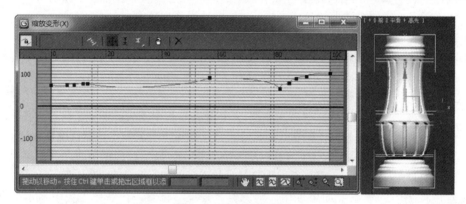

图1-2-46 缩放变形

（2）布尔

布尔运算是19世纪英国数学家Boolean使用的一种物体复合逻辑计算方式，这种逻辑运算方式可以使用物体之间进行"并集""交集"和"差集"计算后复合在一起，如图1-2-47所示。

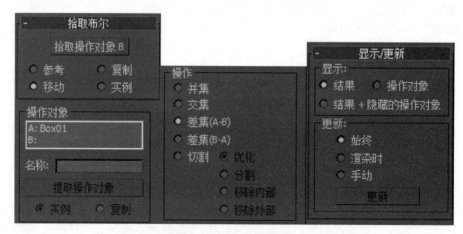

图1-2-47 布尔运算

物体在进行布尔运算后随时可以对两个运算对象进行修改操作，布尔运算的方式、效果也可以编辑修改，布尔运算修改的过程可以记录为动画，表现神奇的切割效果。

① 布尔运算步骤。在布尔运算中，两个原始对象被称为运算对象，一个叫运算对象A，另一个叫运算对象B。在建立布尔运算前，首先要在视图中选择一个原始对象，这时"布尔"按钮才可以使用。进入布尔运算命令面板后，单击"拾取操作对象B"命令按钮来选择第二个运算对象。

② 布尔参数面板

a. 拾取布尔

- 拾取操作对象B：单击该按钮，在场景中选择另一个物体完成布尔合成。其下的4个选项用来控制运算对象B的属性，它们要在拾取运算对象B之前确定。

  ➢ 参考：将原始对象的参考复制品作为运算对象B，以后改变原始对象，也会同时改变布尔物体中的运算对象B，但改变运算对象B，不会改变原始对象。

  ➢ 复制：将原始对象复制一个作为运算对象B，而不改变原始对象。当原始对象还要作其他之用时选用该方式。

  ➢ 移动：将原始对象直接作为运算对象B，它本身将不再存在。当原始对象无其他用途时选该用方式，该方式为默认方式。

  ➢ 实例：将原始对象的关联复制品作为运算对象B，以后对两者中之一进行修改时都会同时影响另一个。

b. 操作

- 并集：用来将两个造型合并，相交的部分将被删除，运算完成后两个物体将成为一个物体。

- 交集：用来将两个造型相交的部分保留下来，删除不相交的部分。

- 差集A-B：在A物体中减去与B物体重合的部分。

- 差集B-A：在B物体中减去与A物体重合的部分。

- 切割：用B物体切除A物体，但不在A物体上添加B物体的任何部分。当Cut（切除）单选按钮被选中时，它将激活其下方的4个单选按钮让用户选择不同的切除类型。

  ➢ 优化：在A物体上沿着B物体与A物体相交的面增加顶点和边数以细化A物体的表面。

  ➢ 分割：其工作方法与优化类似。只不过在B物体切割A物体部分的边缘多加了一排顶点。

  ➢ 移除内部：删除A物体中所有在B物体内部的片段面。

  ➢ 移除外部：删除A物体中所有在B物体外部的片段面。

c. 显示

- 结果：显示每项布尔运算的计算结果。

- 操作对象：只显示布尔合成物体而不显示运算结果。这样可以加快显示速度。

- 结果+隐藏的操作对象：在实体着色的实体内以线框方式显示出隐藏的运算对象，主要用于动态布尔运算的编辑操作。

d. 更新

- 始终：每一次操作后都立即显示布尔结果。

- 渲染时：只有在最后渲染时才重新计算更新效果。

- 手动：选择此选项，下面的"更新"按钮可用，它提供手动的更新控制。

- 更新：需要观看更新效果时，按下此按钮，系统进行重新计算。

※例——布尔运算

a. 条件：当前场景中建立两个三维物体，且物体相交，如图1-2-48所示。

b. 步骤：

➤ 选择长方体，单击"创建面板>几何体"按钮，选择"复合对象"选项中的"布尔"。单击"拾取操作对象B"按钮，再在视图中单击球体，完成布尔运算。

布尔运算并集、交集、差集效果如图1-2-49所示。

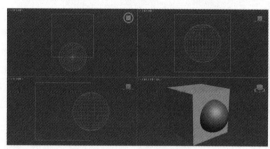

图1-2-48　布尔物体位置

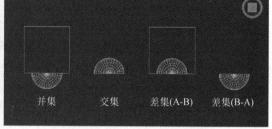

图1-2-49　布尔运算效果

4. 多边形建模

多边形的主要特性及大多数编辑功能与网格相同，但多边形更为灵活，编辑功能更为强大，尤其是在增加了一些新的功能后，使多边形更适合于规则或不规则的复杂模型的建模，成为建模的首选。

- 编辑多边形对象包括顶点、边、边界、多边形、元素5个子对象级别，可以在任何一个子对象级别进行深层加工对象形态。
- 可以执行移动、旋转、缩放等基本的修改变动。
- 在堆栈编辑器中应用子对象选择，可对该子对象应用多重的标准修改命令。

（1）选择

①选择

- 顶点：以顶点为最小单位进行选择。
- 边：以边为最小单位进行选择。
- 边界：用于选择开放的边。
- 多边形：以四边形为最小单位进行选择。
- 元素：以元素为最小单位进行选择。
- 按顶点：不激活此项时，单击表面某处即可选择所在面，激活时，必须选择顶点才能将其四周的面选择。
- 忽略背面：由于场景对象法线的原因，在当前视角中看不见的面不被显示，但不激活此选项而进行框选就会将看不见的面也选择上，激活此选项再进行选择，看不见的面将不被选择。
- 按角度：激活此选项后，系统会通过所设角度值来选择相邻的多边形。
- 收缩：通过取消选择最外部的子对象可以减小子对象的选择区域。
- 扩大：对当前选择的子对象进行外围方向的扩大选择。
- 环形：与当前选择边平行的边将被选择。
- 循环：在选择的边对齐的方向尽可能远地扩展当前选择。
- 获取堆栈选择：使用在堆栈中向上传递的子对象选择替换当前选择，然后可以使用标准方法修改此选择。

② 软选择
- 边距离：通过设置衰减区域内边的数目控制受到影响的区域。
- 影响背面：激活后背面的节点会一起移动。
- 衰减：可以控制点对周围影响范围大小。
- 收缩、膨胀：用来调整曲线的形状。

（2）顶点
- 移除：移除当前选择的顶点。
- 断开：在选择点的位置创建更多的顶点，选择点周围的表面不再共享同一顶点，每一个多边形表面在此位置会拥有独立的顶点。
- 挤出：挤出点的同时创建出新的多边形表面。
- 焊接：用于顶点之间的焊接操作。
- 目标焊接：将选择的点拖拽至要焊接的顶点上，这样会自动进行焊接。
- 切角：对选中的顶点进行切角处理。
- 连接：在选中的顶点之间创建新的边（选中操作的顶点之间不能存在交叉连线）。
- 移除孤立顶点：移除所有孤立的点，无论是否选择该点。
- 移除未使用的贴图顶点：自动移除不能用于贴图的贴图顶点。

（3）边
- 插入顶点：该功能可在边上手动添加顶点。
- 分割：沿选择边分离网格。这个命令的效果不能直接显示出来，只有在移动分割后的边时才能看到效果。
- 桥：使用该工具可以连接对象上的两个边或多个边。
  - 使用特定的边：使用"拾取边1"和"拾取边2"按钮来为桥接指定边。
  - 使用边选择：将选中的一个或多个相对边连接。
  - 分段：在桥接后所产生的多边形上指定分段数。
- 连接：在每对选定边之间创建新边。
  - 分段：该功能控制所创建新边的数量。
  - 收缩：控制所创建新边之间的距离。
  - 滑块：控制所创建新边的位置。

（4）边界
封口：该功能使选中的开放边界成为封闭实体。

（5）多边形、元素
- 挤出：挤出点的同时创建出新的多边形表面。
  - 组：挤出的多边形将沿着它们的平均法线方向移动，如图1-2-50所示。

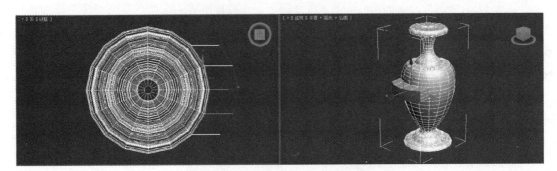

图1-2-50 按组方式挤出的多边形

➤ 局部法线：挤出的多边形将沿着自身法线的方向移动，如图1-2-51所示。

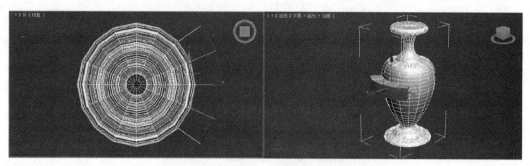

图1-2-51　按局部法线方式挤出的多边形

➤ 按多边形：选中的多边形将单独被挤出或倒角，如图1-2-52所示。

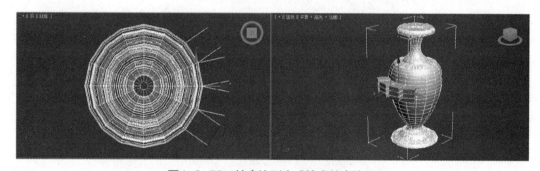

图1-2-52　按多边形方式挤出的多边形

● 倒角：在挤出多边形的基础上产生倒角。
● 轮廓：用于增加或减小轮廓边的尺寸来调整挤出或倒角面。
● 插入：该功能为选择的多边形插入新的轮廓边从而产生新的面。
● 翻转：翻转选择多边形的法线方向。
● 从边旋转：该命令为选中的多边形沿选定的边旋转并产生新的多边形。
　　➤ 角度：设置旋转角度。
　　➤ 分段：设置可旋转出边的细分数量。
　　➤ 当前转枢：激活"拾取转枢"按钮，可以在视图中选取一条边作为中心旋转。
● 沿样条线挤出：沿样条线挤出当前选择的多边形。
　　➤ 拾取样条线：在视图中拾取作为挤出路径的样条线。
　　➤ 对齐到面法线：激活时，沿着面法线方向进行挤出。
　　➤ 旋转：对挤出后的多边形进行旋转。
　　➤ 分段：设置挤出多边形的分段数。
　　➤ 锥化量：设置沿路径挤出的多边形尺寸的增大或减小。
　　➤ 锥化曲线：设置锥化多边形的弯曲程度。
　　➤ 扭曲：对挤出后的多边形进行扭曲处理。

（6）编辑几何体
● 重复上一个：重复上一次使用的命令。
● 约束：将当前所选子对象的变换约束在指定的对象上。
● 保持UV：激活的情况下，编辑对象的多边形或元素不会影响到对象的UV贴图。

- 创建：该命令可以创建单个的顶点、多边形或元素。
- 附加：能够将鼠标点击后的外部对象合并到当前对象中或通过对话框按名称选择进行附加。
- 塌陷：将选择的顶点、线、面、多边形或元素删除，留下一个顶点与四周的面链接，产生新的表面。
- 分离：将当前选择的次物体级别分离，成为一个独立的对象或者成为原对象的一个元素。
  ➤ 分离到元素：分离的对象作为原始对象的一部分，变成一个新的元素。
  ➤ 分离为克隆：作为原始对象的一个备份分离出去，原始对象不受影响。
- 切割平面：能够通过一个方形的平面切割所选的多边形，其中方形平面的位置可通过移动或旋转来调整，确定位置后，通过"切片"按钮即可对所选多边形进行切割。
- 重置平面：将切割平面的方形平面恢复为默认的位置及方向。
- 快速切片：通过在选中的多边形上单击分别作为起点与末端点的两点，得到两点连线，从而对原始多边形进行剪切。
- 切割：通过在边上添加点来细分次物体。
- 网格平滑：使用当前的光滑设置对选择的次物体进行光滑处理。
  ➤ 平滑度：控制新增表面与原表面折角的光滑度。
  ➤ 平滑组：阻止平滑群组在分离边上建立新面。
  ➤ 材质：阻止具有分离的材质ID号的边的新面建立。
- 细化：对选择的次物体进行细化分处理。
  ➤ 边：从每一条边的中心点处开始分裂产生新的面。
  ➤ 面：从每一个面的中心点处开始分裂产生新的面。
  ➤ 张力：设置细化分后的表面凸凹状态。
- 平面化：将所有选中的次物体强制压成一个平面。
- 视图对齐：将选中的多边形与当前激活视图置于同一平面且相互平行。
- 栅格对齐：将选中的次物体与激活视图的栅格置于同一平面且相互平行。
- 松弛：将选中的多边形朝着相邻对象的平均位置移动每个顶点。
  ➤ 数量：控制每个顶点对于每一次迭代所移动的距离。
  ➤ 迭代次数：每次迭代都会重新计算平均距离，再将松弛量重新应用于每个顶点。
  ➤ 保留边界点：控制是否移动开放网格的边界顶点。
  ➤ 保留外部点：保留距离所选对象中心最远顶点的原始位置。

（7）多边形：材质ID

ID是Identity Define的缩写，原意为身份确定，此处的ID号即为多边形的"身份号"。

- 设置ID：在此为选择的多边形指定新的材质ID，如果对象使用多维材质，将会按照材质ID分配材质。
- 选择ID：选择所有与当前ID相同的多边形。
- 清除选择：激活时，用新选择的ID或材质名称替代原来选定的所有多边形或元素。不激活时，会在原有选择内容基础之上累加新内容。

三、材质与贴图技术

材质的编辑是通过"材质编辑器"来完成的，"材质编辑器"的功能非常强大而复杂，学习中要细心体会。

1. 材质编辑器

打开"材质编辑器"对话框有以下几种方法。

● 按键盘上的"M"键；
● 单击主工具栏中的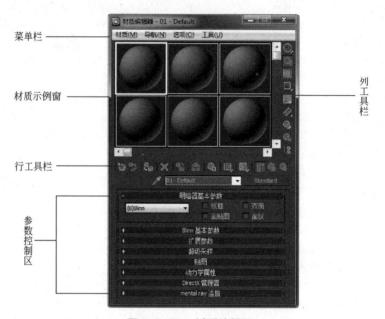按钮；
● 单击"渲染>材质编辑器"菜单命令。

"材质编辑器"对话框分为上、下两大部分：上半部分主要是对示例窗的操作部分，由菜单栏、材质示例窗、行工具栏和列工具栏组成；下半部分为材质和贴图参数控制部分，包括"明暗器基本参数""基本参数""扩展参数""超级采样""贴图"和"动力学属性"等几大参数部分，如图1-2-53所示。

图1-2-53 材质编辑器

（1）菜单栏

菜单栏位于"材质编辑器"窗口的最上方，包括"材质""导航""选项"和"工具"4个菜单项，一般很少直接使用菜单进行操作，它们的功能完全可以由工具栏代替。

（2）材质示例窗

材质示例窗是显示材质效果的窗口，在示例窗中，窗口缺省都以黑色边框显示，当前正在编辑的材质称为激活材质，它具有白色边框。

"材质编辑器"一次编辑不能超过24种材质，有限的数量并不能满足不限数量的材质。如果出现示例球不够用的情况，则可以创建新材质，然后在进行编辑。

示例窗可以通过在窗口上双击或在鼠标右键菜单中选择放大选项，这样做可以使示例窗增大，更容易预览材质。同时，示例窗中的24个示例球，可以通过"选项"菜单来选择一次查看6个、15个或24个。

（3）列工具栏

列工具栏位于示例窗的右侧，用来控制示例窗中示例球的外观样式和显示状态，共由9个按钮组成。

"采样类型"：其中包含3个子项按钮，分别为球体、柱体和长方体，通过这3个按钮可以改变示例窗中材质样本的显示类型。

"背光"：当该按钮被激活时，示例球显示出背光效果，当该按钮处在非激活状态时，示例球不显示背光效果，如图1-2-54所示。

▨ "背景"：当该按钮被激活时，示例球显示出背景（便于观察透明物体），当该按钮处在非激活状态时，示例球显示缺省背景，如图1-2-55所示。

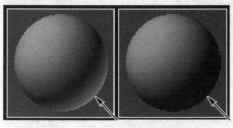

图1-2-54 "背光"对比

图1-2-55 "背景"对比

▢ "采样平铺"：按下该按钮后，后面出现4个子项按钮，可以通过这4个子按钮来改变贴图在示例球上的平铺次数，它们依次表示：平铺1次▢、平铺2次▦、平铺3次▦和平铺4次▦，该操作只影响贴图在示例球上的显示效果，不对效果图中的三维物体起作用。

▢ "视频颜色检查"：激活该按钮时，当材质的颜色在其他视频设备上无法表示时用黑色显示；不激活该按钮时，用原颜色表示。

◇ "生成预览"：按下该按钮后后面出现3个子项按钮，分别为生成预览◇、播放预览◇和保存预览◇，当创作动画材质时，可以通过该按钮使示例球以动画的形式显示和保存。

◉ "选项"：单击该按钮时可以打开"材质编辑器选项"对话框，可以通过该对话框对示例球的灯光颜色、示例窗中示例球的显示个数等进行设置。

◉ "按材质选择"：可以通过该按钮选择场景中赋予当前示例球材质的对象。

▨ "材质/贴图导航器"：当编辑复杂的多层级材质时，有时候搞不清楚当前所处的位置，到底是哪一个材质层级或贴图层级，可以通过该按钮打开"材质/贴图导航器"对话框，通过该对话框可以方便地在材质的各个层级间切换。

（4）行工具栏

示例窗下方有一个由12个按钮组成的行工具栏。行工具栏的功能主要用于材质的打开、保存、将材质赋予对象、切换材质/贴图等级等，下面就对这些按钮的功能逐一进行简单介绍。

◉ "获取材质"：单击该按钮可打开"材质/贴图浏览器"对话框。

◉ "将材质放入场景"：当前示例球为非同步材质且有同名的同步材质时该按钮可用。单击该按钮可以把当前示例球中的材质赋给与当前材质球同名的同步材质所对应的对象，并将该材质球变为同步材质。

◉ "将材质指定给选定对象"：单击该按钮可以将当前示例球中的材质赋予场景中的选中对象。

✕ "重置贴图/材质为默认设置"：使当前示例球回到原来从来没有编辑过的原始状态。

◉ "生成材质副本"：当前示例球为同步材质时可用，单击该按钮将同步材质复制为非同步材质。

◉ "使唯一"：单击该按钮将材质的关联分离出来，单独进行修改。

◉ "放入库"：单击该按钮将当前材质球中的材质保存到当前材质库中，可以通过材质浏览器中的保存按钮，将该材质保存在文件中以备以后调出使用。

▣ "材质ID通道"：按下该按钮将打开通道号选项栏，从中选择一个通道号，可以改变当前材质的通道号，通过材质的通道号可以为具有该材质的对象添加特效。

"在视口中显示标准贴图"：按下该按钮，可以使贴图在场景中赋有当前材质的对象中显示出来。

"显示最终结果"：材质可以有多个层级，当前材质为子层级时，按下按钮，将显示主材质的综合效果，不激活该按钮时，只显示当前层级的材质效果。

"转到父对象"：当前层级为子层级时该按钮可用，单击该按钮，可以返回到当前层级的上一个层级。

"转到下一个同级项"：单击该按钮，可以进到和当前材质同层级的另一个层级。

（5）参数控制区第一行

"从对象拾取材质"：可以使用该按钮从场景中的对象中吸取材质，替换当前示例球中的材质。

01 - Default ▼ "材质名称"：可以用来显示和编辑当前示例球中材质的名称。

Standard "材质/贴图浏览器"：可以通过单击该按钮，打开与当前示例球相对应的"材质/贴图浏览器"对话框。

（6）"明暗器基本参数"卷展栏

① 材质明暗属性。材质明暗属性下拉列表中提供了8项属性。

"各向异性"：可以在模型表面产生椭圆高光，用于模拟具有反光的材料，如玻璃、金属表面等。

"Blinn"（胶性）：为缺省的材质明暗属性，主要用于柔软物质，如地毯、织物、床罩、窗帘等，是使用最多的一个属性。

"金属"：是专门用来模拟金属材质的一种属性模式，一般在创作金属材质时选择该属性模式。

"多层"：可以生成椭圆形的复杂高光效果，使用该属性可以创造出生动的材质效果。

"Oren-Nayar-Blinn"（明暗处理）：适合用来创作水果材质。

"Phong"（塑性）：以光滑的方式进行表面渲染，适合用来创作塑料等质感的材质。

"Strauss"（金属加强）：用来创作金属材质，与"金属"相近，但比"金属"要简单。

"半透明明暗器"：同"Blinn"相似，与灯光配合使用可以创作灯光透射效果。

② 材质显示类型。材质显示类型共有4种可供勾选，如图1-2-56所示。

图1-2-56 材质显示类型（线框、双面、面贴图、面状）

线框：勾选时将以线框模式渲染材质，可以在扩展参数上设置线框的大小。

双面：用于使材质成为双面，将材质应用到选定面的双面。

面贴图：用于将材质应用到几何体的各面。如果材质是贴图材质，则不需要贴图坐标，贴图会自动应用到对象的每一面。

面状：就像表面是平面一样，渲染表面的每一面。

（7）"基本参数"卷展栏

该参数中的内容会随"明暗基本参数"中的"材质明暗属性"的不同而发生变化。从"材质明暗属性"中选择默认"Blinn"（胶性）时第二个参数项就显示为"胶性基本参数"。"环境光"指物体阴暗部分的颜色，"漫反射"指物体本身的颜色，"高光反射"指物体高光部分（亮点，反光最强的部分）的颜色。

点击这三个颜色块可以改变它们的颜色，点击后面的两个灰色按钮可以打开"材质/贴图浏览器"对话框并用贴图来取代"漫反射"和"高光反射"。它们左边的两个 按钮按下时，可以将两种颜色进行关联。

勾选"自发光"复选框可以使对象自身发光，自发光的对象不受外部光线的影响，也可以通过点击色块来改变光线的颜色。点击右面的灰色小按钮，同样能够打开"材质/贴图浏览器"对话框来为自发光设置贴图。

通过调整"不透明度"数值，来改变对象的不透明度。点击右面的灰色小按钮，打开"材质/贴图浏览器"对话框来为不透明度设置贴图。

通过"反射高光"来设置对象的光感特性，"高光级别"：值越大，高光部分的亮度就越大；"光泽度"：值越大，高光部分的亮点就越小，表示对象的反光能力越强；"柔化"：值越大，高光处的亮度就显得越柔和，最大值为1。

右边示例块中的浅色部分的宽度表示高光的面积，高度表示高光部分的亮度，总面积表示对象的高光总值。

（8）"扩展参数"卷展栏

① 高级透明

"衰减"中的"内"：表示透明程度由外向内增加，其程度由下面"数量"中的值决定，在创作气泡、灯泡等空心的透明对象时采用。

- "衰减"中的"外"：表示透明程度由内向外增加，其程度由下面"数量"中的值决定，在创作云、雾等边缘地方透明度高的对象时采用。
- "衰减"中的"数量"：表示透明程度由内向外或由外向内的增加程度。
- "类型"中的"过滤色"：表示以过滤色来决定透明的色彩，它会根据过滤色在背景色上的倍增色来确定透明材质表面的颜色，是根据实际光学原理计算出来，是最真实、最常用的用来表示透明对象的方法。
- "类型"中的"相减"：表示和景色进行相减处理，使颜色变暗。
- "类型"中的"相加"：表示和景色进行相加处理，使颜色变亮。
- "折射率"：用来为折射贴图和光线跟踪材质设置折射率。

② 线框

- "大小"：用来控制在"明暗器基本参数"的"材质显示类型"中勾选"线框"时线框的粗细。选择"按>像素"时，"线框"的粗细不会随着对象的大小而改变。选择"按>单位"时，"线框"的粗细随着对象的大小而改变。

反射暗淡：

- "暗淡级别"：可以用来调整具有贴图的材质的模糊程度。

（9）"贴图"卷展栏

① 贴图开关

只要勾选，就说明应用了当前"贴图方式"。

② 贴图方式

- "环境光颜色""漫反射颜色""高光颜色""高光级别""光泽度""自发光""不透明度"七种贴图通道与基本参数中一致。

● "过滤色"：用来取代过滤色的贴图，也可以在"扩展参数"中设置，经常在创作玻璃中带有图画内容效果的材质时使用。

● "凹凸"：用该贴图来使对象表面产生凹凸不平的效果，浅色的地方凸起，深色的地方凹陷，中间色产生过渡。通过该"贴图方式"，可以实现物体的凹凸质感，是使用频率较高的一种贴图方式，经常和"漫反射颜色"贴图使用同一种"贴图类型"，以使得产生出更真实的材质效果，比如砖墙、地板材质效果。

● "反射"也是最常用的一种贴图，该贴图可以产生一种对画面的反射效果，可以把对象理解为镜面，贴图理解为被镜面反射的景象。

● "折射"用来表现折射效果的一种贴图方式，一般用在玻璃等透明、半透明的物体上。

③ 数量

其数值可以用来调整贴图的清晰程度和亮度，值越大清晰度就越高，反之也就越模糊。在表现真实物体时，一般都需要对"数量"值进行调整。

④ 贴图类型

它的缺省内容为"None"，我们可以通过单击该按钮打开"材质/贴图浏览器"对话框，为某"贴图方式"选择"贴图类型"。

2. "材质/贴图浏览器"对话框

在调用贴图、设置材质、保存材质、调用3ds Max自带材质、第三方创建的材质时，都要通过"材质/贴图浏览器"对话框来完成操作。

（1）打开"材质/贴图浏览器"对话框的方法

● 通过"渲染>材质/ 贴图浏览器"菜单命令。

● 通过"材质编辑器"中行工具中的"获取材质"按钮。

● 通过"材质编辑器"参数控制区中第一行右边的 Standard 按钮。

● 通过"材质编辑器"中的各个与贴图有关的 ■ 按钮。

（2）"材质/ 贴图浏览器"简介

"材质/贴图浏览器"显示方式控制区：

● ■ 以列表的方式显示材质和贴图。

● ■ 以小图标+列表的方式显示材质和贴图。

● ■ 以小图标的方式显示材质和贴图。

● ■ 以大图标的方式显示材质和贴图。

● ■ 用库中材质更新场景中的材质。

● ■ 删除当前材质。

● ■ 删除材质库中全部材质。

"浏览自"框架：可以选择不同的浏览对象。

● 材质库："浏览区"显示的是材质库中的材质和贴图。

● 材质编辑器："浏览区"显示的是"材质编辑器"中24个示例窗中的24个材质。

● 活动示例窗："浏览区"仅显示活动示例窗中的材质和贴图。

● 选定对象："浏览区"显示的是场景中被选中的对象的材质和贴图。

● 场景："浏览区"显示的是场景中所有对象的材质和贴图。

● 新建：在"材质/贴图浏览器"中显示出3ds Max提供的全部材质和贴图，用户可以利用这些材质和贴图创建自己需要的材质和贴图。

"显示"框架：可以选择材质和贴图的显示种类。

● 勾选"材质"选项时，在"材质/贴图浏览区"显示出材质。

- 勾选"贴图"选项时，在"材质/贴图浏览区"显示出贴图。
- 勾选"不兼容"选项时，在"材质/贴图浏览区"显示不兼容的材质和贴图。
- 勾选"仅根"选项时，在"材质/贴图浏览区"仅显示出根材质，不显示根材质下的子层级中的材质和贴图。
- 勾选"按对象"选项时，在"材质/贴图浏览区"将按场景中的对象显示材质。
- 勾选"2D 贴图"选项时，在"材质/贴图浏览区"仅显示2D贴图。
- 勾选"3D 贴图"选项时，在"材质/贴图浏览区"仅显示3D贴图。
- 勾选"合成器"选项时，在"材质/贴图浏览区"仅显示合成贴图。
- 勾选"颜色修改器"选项时，在"材质/贴图浏览区"仅显示颜色贴图。
- 勾选"其他"选项时，在"材质/贴图浏览区"将显示2D、3D、合成贴图、颜色贴图以外的贴图，这些贴图主要是用在材质的折射、反射方面的"光线跟踪""平面镜""折射/反射"类型。
- 勾选"全部"选项时则显示上面所有类型的贴图。
- 打开：可以通过该选项打开已经存在的"材质库"文件以供使用。
- 合并：将当前"材质/贴图浏览器"中的材质，"合并"（添加）到已经存在的材质库文件中。
- 保存：将当前"材质/贴图浏览器"中的材质和贴图按原名保存起来。
- 另存为：将当前"材质/贴图浏览器"中的材质和贴图取名后，保存为"材质库"文件。

3. 材质和贴图类型

在"材质/贴图浏览器"中有若干种材质类型和贴图类型，下面仅对比较常用的材质和贴图类型的含义和使用场合作以介绍。

（1）材质类型

打开"材质/贴图浏览器"后，在该对话框的浏览区可以看到3ds Max提供的20种材质类型，它们依次是"DirectX Shader""Ink n'Paint""VR灯光材质""VR快速SSS""VR快速SSS2""VR矢量置换烘焙""变型器""标准""虫漆""顶/底""多维/子对象""高级照明覆盖""光线跟踪""合成""混合""建筑""壳材质""双面""外部参照材质"和"无光/投影"。我们可以把这些材质分为单层级材质和多层级材质，所谓单层级材质就是不可以包括其他材质的材质，多层级材质就是可以包括或必须包括其他材质的材质。下面就介绍几个常见的材质。

- 单层级材质

单层级材质中最具有代表性的就是"标准材质"，"标准材质"是最经典、最常见、使用频率最高的一种材质，经常单独使用，也经常作为多层级材质的最低层级的材质，几乎编辑任何材质时都要用到"标准材质"，它是理解材质的基础。前面的"材质编辑器"中的参数部分就是根据"标准材质"介绍的，24个示例窗中的示例球缺省也是"标准材质"，"标准材质"不可以再包括其他材质。

- 多层级材质
  - 混合：它和"混合贴图"一样，是将两种不同的材质按照一定的比例混合在一起得到的一种材质效果。"混合材质"的参数面板和"混合贴图"差不多，可以通过单击"材质1"后面的按钮，打开一个"标准材质"，进行参数和贴图的设置；返回到"混合"质后，再单击"材质2"后面的按钮，打开另一个"标准材质"后进行设置；还可以单击"遮罩"后面的按钮，为两个材质设置遮罩；通过调整"混合量"后面的数字，设置"材质2"在整个"混合"材质中所占的量。
  - 合成：它和"合成贴图"一样，将多个材质一个一个地叠加在一起，形成新的综合材质效果的一种材质，如图1-2-57所示。当下面的材质"数量"值大于等于100时，上面的材质就不会被表现出来，如果把下面的每个材质的"数量"值都设置的小于100，将会产生多个不同的材质以不同的量叠加在一起的复杂效果。

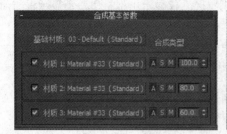

图1-2-57 "合成"基本参数

➤ 双面：可以分别为对象的内外指定不同的材质，还可以指定外部材质的透明系数，如图1-2-58所示。当外部材质不透明时，只能从对象的内部看见内部材质；当外部材质透明时可以隐约看见内部的材质效果。

图1-2-58 "双面"基本参数

➤ 无光/投影：具有"无光/投影"材质的对象如同隐形物体一样，不遮挡背景图像，在渲染时也不会被看见，但却可以遮挡场景中的其他对象，并且可以在其他对象上投下阴影，也可以接受其他对象投下的阴影，常用于创作与背景图像紧密配合的特殊视觉效果。

➤ 变形器：该材质的下一层级可以包括多个子材质，常用于创作在一种材质的基础上，不断进行材质变形的动画效果。

➤ 多维/子对象：该材质是多个材质的组合材质，用于将多个材质分别指定给同一物体的不同部分，如图1-2-59所示。设置"多维/子对象"材质的前提是将要被赋予材质的对象进行网格、多边形编辑，在"多边形"子对象的"多边形：材质ID"卷展栏中，分别设置物体中不同部分的ID号，这样才能保证"多维/子对象"材质的正常赋予。

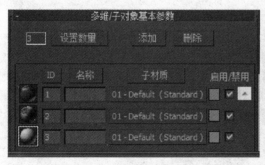

图1-2-59 "多维/子对象"基本参数

➢ 光线跟踪：和"光线跟踪"贴图类似，使用该材质的对象可以给人以真实的反射、折射效果的感觉，但渲染速度慢。

➢ 顶/底：和"双面"材质的控制方法类似，不同的是这种材质不是一个在外、一个在内，而是一个在上、一个在下，可以指定顶部材质与底部材质的过渡效果。

（2）贴图类型

在"材质/贴图浏览器"对话框中，把贴图分为"2D贴图""3D贴图""合成器""颜色修改器"和"其他"5类。我们也可以把贴图分为基本贴图和复合贴图两类。所谓基本贴图就是只有一种贴图实现的贴图，而复合贴图则是由两种或两种以上的贴图，经过一定的运算得到的贴图效果。

● 2D贴图

"2D贴图"是一些简单的图形、颜色或图案，只把贴图贴在对象的表面，不会深入到对象的内部。这些贴图可以自由的创建，其中包括"位图""渐变""平铺""棋盘格""漩涡"等。"2D贴图"经常用在漫反射通道中。几种常见"2D贴图"的含义如下。

➢ 位图：是使用最多的一种贴图，其贴图来源于各种可被3ds Max识别的图像文件。单击该类型的贴图，首先打开一个"选择位图图像"对话框，可以选择合适的图像文件作为贴图，常用在漫反射通道中，也可以在其他贴图通道中。

➢ 渐变：是用来实现由一种颜色向另外一种颜色或两种颜色的阶梯渐变，或者是一种画面向另外一种或两种画面的渐变效果的贴图。选择该贴图后，"材质编辑器"中出现"渐变参数"卷展栏，可以通过单击3个颜色色块，选择用于渐变的3种颜色，或通过右面的3个按钮来选择3种用于渐变的图像，如图1-2-60所示。

➢ 漩涡：使用两种颜色或两幅图画产生漩涡效果画面的一种贴图。

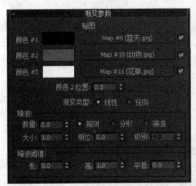

图1-2-60 "渐变"参数

● 3D贴图

"3D贴图"属于程序贴图，它们依靠程序参数产生图案效果，能对物体从内到外进行贴图，有自己特定的贴图坐标系统。

➢ 灰泥：用于铺砌材料、皮肤、混凝土图案或沙漠中的细沙。

➢ 大理石：可产生类似大理石纹理的效果。

➢ 噪波：是基于两种颜色或贴图产生的随机分布效果的图案，经常用于凹凸贴图。

➢ 行星：是用来模拟等高线地图和地球上不同区域和海洋的轮廓线，常用在漫反射通道中。

➢ 波浪：可以产生几种类似波浪的效果，经常用于凹凸贴图。

➢ 木材：可产生木头纹理的图案。

● 合成器

"合成器"是将两种或几种颜色或贴图进行混合处理，得到最终效果的一种贴图。它包括"RGB相乘""合成""混合"和"遮罩"4种类型。常用来产生比较复杂的特殊效果。

● 其他

"其他"中的"平面镜"贴图、"反射/折射"贴图和"光线跟踪"贴图这3种类型的贴图都和反射有关，其中"反射/折射"贴图和"光线跟踪"贴图一般用在"反射"和"折射"通道中，"平面镜"贴图一般用在"漫反射颜色"通道中，有时也用在反射通道。这3种贴图不是固定在对象上面，而是固定在世界坐标上，在对象运动或旋转的时候，这些贴图不是随着对象运动，而是在随着角度和位置的不同在发展变化。

4. 贴图坐标

要创作出好的材质，往往需要有合理的贴图来实现。有的材质不需要改变其他参数，只要为其添加上合适的贴图就能达到要求的效果了，而大多数材质的贴图要表现出令人满意的效果，除了前面的"贴图方式""贴图类型"外，还有一个很重要的方面就是"贴图坐标"。我们可以通过设置"贴图坐标"来改变贴图的位置、方向、大小、比例以及贴图的包裹方式等，从而达到人们需要的理想的贴图效果。"贴图坐标"可以分为两种：一种是"内建贴图坐标"，另一种是"指定贴图坐标"。

（1）内建贴图坐标

"内建贴图坐标"是在物体创建时由系统自动生成的，不需要人为指定，它可以根据物体的形状自动地按最合理的方式包裹，也是系统为对象准备的缺省的"贴图坐标"。可以通过修改贴图面板中的贴图参数来改变贴图的位置、方向和贴图的大小比例，当我们在"材质编辑器"中为物体添加任何一个位图贴图后，"材质编辑器"将进到下一个层级，显示出"贴图参数面板"和"位图参数面板"。

① 贴图参数

● "纹理"和"环境"：选中"纹理"渲染出的贴图效果，随对象的凹凸起伏而发生变化；选中"环境"渲染出的贴图效果不随对象比较的凹凸起伏而发生变化，总是把对象表面作为一个平面来进行贴图。

● "偏移"U、V：是指贴图的开始坐标。图1-2-61中所示为，在其他参数不变的情况下，U、V的偏移值均为0和U、V的偏移值均为0.5的贴图效果。

● 平铺：指贴在U方向和V方向的平铺次数。图1-2-62中所示为，在其他参数不变的情况下，U、V的平铺次数均为1和U、V的平铺次数都为2的贴图效果。

图1-2-61 "偏移"贴图比较

图1-2-62 "平铺"贴图比较

● "镜像"与"平铺"选项：图1-2-63中所示为，在U、V的平铺次数均为2时，均未勾选"镜像"与"平铺"选项，只勾选"镜像"选项和只勾选"平铺"选项时的贴图效果。

● 角度：可以用来改变对象的贴图角度。图1-2-64中所示为，U、V、W角度为缺省和W值为45时的贴图效果。

图1-2-63 "镜像"与"平铺"贴图比较

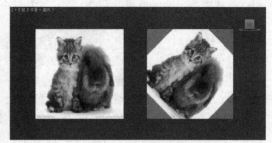

图1-2-64 W角度

● "模糊"和"模糊偏移"：分别用来改变贴图的模糊程度和模糊偏移量，两个值越大贴图给人的感觉就越模糊，反之就越清楚。

② 位图参数

● 位图：可以通过后面的按钮来改变贴图。

● 裁剪/放置：勾选"应用"后，单击"查看"图像按钮，在"指定裁剪/放置"对话框中调节裁剪控制框，则只显示控制框内的材质，如图1-2-65所示。

（2）指定贴图坐标

"内建贴图坐标"虽然使用比较方便，但是有时候不能满足实际需要，这时就需要我们根据实际需要为对象"指定贴图坐标"。

"指定贴图坐标"在3ds Max中又称"UVW 贴图"。当选中一个对象后，单击"修改面板>修改器列表"，在弹出的下拉列表中选择"UVW 贴图"命令并展开其命令面板。

① 贴图

在"UVW 贴图"参数面板的"贴图"部分，可以对贴图的包裹方式、大小、平铺次数和是否反转4类参数进行设置和修改。

● 平面：将物体看作平面对象，贴图沿着两个平面进行贴图，适用于平面物体。

● 柱形：将物体看作圆柱体，贴图沿着周围对物体进行贴图，适用于圆柱体。

● 球形：将物体看作圆球，贴图沿着球面周围对物体进行贴图，适用于球形物体。

● 收缩包裹：沿着物体表面对物体进行贴图，适用于不规则物体或球形物体。

● 长方体：将物体看作六面体，对其六个面进行贴图，适用于长方体和正方体。

● 面：按物体的段面进行贴图，将每一个段面看作一个面。

● XYZ到UVW：按由XYZ到UVW进行贴图。

● 长度、宽度、高度：修改贴图的大小。在修改这几个参数时，在视图区可以看到贴图大小的轮廓。图1-2-66是贴图大小和物体大小不相符时的效果，图中的黄色线框就是

图1-2-65 "指定裁剪/放置"对话框

图1-2-66 贴图线框

贴图的大小，在调整长、宽、高几个参数时可以参照线框进行。通过修改U、V、W的平铺次数可以设置贴图在U、V、W三个方向的平铺次数。通过勾选U、V、W的反转复选项，可以设置贴图在U、V、W三个方向的反转情况。

② 通道

每个物体都有多个通道，默认对贴图按通道1中的坐标设置进行贴图。

③ 对齐

通过"对齐"可以设置贴图的对齐方式。

● X、Y、Z：用来选择坐标对齐的轴向。

● 适配：将贴图自动锁定到物体的边界盒上。

● 重心：自动将贴图的中心对齐到贴图对象的中心。

● 位图适配：按指定位图文件中的图片的大小对物体进行贴图。

● 法线对齐：按法线进行对齐。

● 视图对齐：将贴图的坐标和当前视图的坐标对齐。

● 区域适配：按下该按钮后，用鼠标在视图区拖出一个范围，将该范围作为贴图的大小区域。

● 重置：恢复贴图的最初状态。

● 获取：如果场景中有被"指定贴图坐标"的其他物体，当按下该按钮后可以通过单击那个物体，来获取和那个物体相同的贴图参数。

项目小结

3ds Max是当前世界上最为流行的三维制作软件，从产生的第一天就获得了各界极高的赞誉。本单元主要介绍了3ds Max的一些功能以及相关的一些基础操作。

项目三　VRay渲染器

一、VRay渲染器简介

VRay是目前业界最受欢迎的渲染引擎。基于VRay内核开发的有VRay for 3ds Max、Maya、SketchUp、Rhino等诸多版本，为不同领域的优秀3D建模软件提供了高质量的图片和动画渲染。除此之外，VRay也可以提供单独的渲染程序，方便使用者渲染各种图片。

二、VRay物体

1. VR代理

VRay是由著名的Chaos　Group　公司开发的渲染器，而VR代理是它其中的一个工具，它使得3ds Max在渲染时从外部文件导入网格物体，这样可以在工作中节省大量的资源。打个比方，一个场景需要很多高精度的树模型，而在制作过程中过多的模型会占用大量资源。此时我们可以导出为VRay代理物体，然后再由VR代理工具把代理物体导回到场景当中，此时场景中的模型只是外部模型的一个代理物体，没有面数、不占用资源。我们利用这种技术可以渲染上千万甚至更多的面，这远远超出3ds Max自身的承受范围，并且还可以加快工作流程，有效地避免因面数过多，造成操作视图延迟或无法渲染、自动弹出的现象。

（1）显示组
- 边界框：对象在场景中以立方体显示。
- 从文件预览：显示储存在网格对象中的预览信息。

（2）VR代理注意事项
- VRay代理对象是无法运用修改器来进行修改的，任何应用到VR代理对象上的修改器都将被忽略。
- 目前网格代理文件无法存储网格对象的动画。
- 如果需要创建几个代理对象连接到同一个网格代理文件，将它们进行关联将是一个好方法，可以节省内存的占用。
- 材质无法保存在网格代理文件中，几何体将使用应用到代理对象的材质来进行渲染，这是因为在一般情况下第三方的材质和程序纹理很难被描述。
- 网格文件可以在3ds Max以外进行渲染。

2．VR平面

利用VRay的平面对象可以创建一个无限大尺寸的平面，没有任何参数，位于创建标准几何体中。相关说明：

① VRay平面的位置由其在3ds Max场景中的坐标确定。
② 可以创建多个无限大的平面。
③ VRay平面对象可以指定材质，可以被渲染。
④ 阴影贴图不包括VRay平面对象的信息，但是其他对象可以在VRay平面对象上投射正确的阴影，包括阴影贴图类型。

3．VR球体

① 半径：用来设置VRay球体的半径。
② 翻转法线：勾选这一复选框后，对象表面的法线方向将进行反转。

4．VR毛发

VR毛发用来制作毛发或类似毛发的对象。只有在选择了某一对象后，创建面板中的"VR毛发"按钮才变为可用状态。在VR毛发的制作过程中，视图中仅显示毛发对象的图标，只有在渲染后，才能够看到毛发的效果。

- 源对象：指定将要产生毛发效果的物体。
- 长度：控制毛发的长度。
- 厚度：控制毛发的粗细。
- 重力：毛发受重力影响的情况。正值表示重力方向向上，负值表示重力方向向下，当值为0时，不受到重力的影响。
- 弯曲：毛发的弯曲强度。
- 边数：毛发通常以实体单面的形式进行渲染，此参数设置一根毛发的面的个数。
- 段数：控制毛发段数。值越大，弯曲的毛发越光滑。
- 平面法线：控制毛发的呈现方式。勾选时，毛发以平面方式呈现；不勾选，毛发以圆柱体方式呈现。
- 方向参量：毛发在方向上的随机变化。值越大，表示变化越强烈；0表示不变化。
- 长度参量：毛发长度的随机变化。1表示变化强烈，0表示不变化。
- 粗细参量：毛发粗细的随机变化。1表示变化强烈，0表示不变化。
- 重力参量：毛发受重力影响的随机变化。1表示变化强烈，0表示不变化。

分配
- 每个面：控制每个面产生的毛发数量。

- 每区域：控制每单位面积中的毛发数量。

布局

- 全部对象：这个参数让整个物体产生毛发。
- 选定的面：这个参数让选择的面产生毛发。
- 材质ID：用材质的ID来控制毛发的产生。

三、VRay灯光

1. VR灯光

VR灯光是VRay渲染器的专用灯光，它可以设置为纯粹的不被渲染的照明虚拟体，也可以渲染出来，甚至可以作为环境天光的入口。

- 投射阴影：该选项用于控制光源是否在灯光的背面产生阴影效果。
- 双面：在灯光被设置为平面类型时，该复选框用于设置是否在平面的两边都产生光照效果。
- 不可见：用于设置在最后的渲染效果中光源形状是否可见。
- 忽略灯光法线：一般情况下，光源表面在空间的任何方向上发射的光线都是均匀的，在不勾选该复选框时，VRay会在光源表面的法线方向上发射更多的光线。
- 不衰减：在真实的世界中，远离光源的表面会比靠近光源的表面显得更暗。选中该复选框后，灯光的亮度将不会因为距离而产生变化。
- 天光入口：勾选该复选框，前面设置的颜色和倍增值都将被VRay忽略。
- 存储发光贴图：在勾选了这个选项后，发光贴图会存储灯光的照明效果，系统将计算VRay灯光的光照效果，并将计算结果保持在发光贴图中。

2. VR太阳

"VR太阳"功能比较简单，常用于模拟场景中的太阳光照射，能产生很好的阴影效果。

- 浊度：设置空气的混浊度，参数越大，空气越不透明，光线越暗，而且会呈现出不同的阳光色，早晨和黄昏混浊度较大，正午混浊度较低。
- 臭氧：设置臭氧层的稀薄。该参数对场景的影响较小，值越小，臭氧层越薄，到达地面的光能辐射越多。
- 强度倍增：设置阳光的亮度，一般情况下设置较小的值即可。
- 阴影细分：设置阴影的采样值，值越高画面越细腻，但渲染速度会越慢。
- 阴影偏移：设置物体阴影的偏移距离，值为1时阴影正常，大于1时阴影远离投影对象，小于1时阴影靠近投影对象。

四、VRay材质

材质就是指定物体的质地特性，包括各种物理特性，如颜色、自发光、不透明等。指定到材质上的图形则称为贴图，贴图能把最简单的模型变成丰富的场景画面。通过材质与贴图的结合能够表现出各种真实的质感效果

1. VR标准材质

① 单击主工具栏上的"渲染设置"按钮（或单击键盘上的"F10"键），在弹出的"渲染设置"对话框中，单击"公用"选项卡中的"指定渲染器"卷展栏，单击"产品级>选择渲染器"，如图1-3-1所示。

② 单击"主工具栏>材质编辑器"按钮，在弹出的"材质编辑器"对话框中，单击"Standard"，在弹出的"材质/贴图浏览器"对话框中选择"VR材质"。

图1-3-1　渲染设置界面

③ 基础参数（图1-3-2）

图1-3-2　基本参数

漫反射：主要决定物体表面颜色，点击色块旁边的按钮可以打开"材质/贴图浏览器"选择需要的贴图。

反射

● 反射用来调节反射材质，一般情况用颜色或者普通贴图可完成反射效果，如果当前材质是反射材质，只需要调节反射色块，色块的颜色越靠近黑色，反射的程度越低，色块颜色越亮，反射效果越强，白色时为完全反射效果。点击色块旁边的按钮，还可以使用贴图来指定反射效果。

● 高光光泽度：用来控制材质高光效果，点击旁边的"L"解除锁定，可调节高光光泽度。不同参数效果如图1-3-3所示。

● 反射光泽度：用来控制反射的模糊程度。默认一般为1.0时是绝对光滑的镜面程度。数值越小越模糊。不同参数效果如图1-3-4所示。

图1-3-3　高光光泽度为1.0、0.7、
0.5时的效果对比

图1-3-4　反射光泽度为1.0、0.7、
0.5时的效果对比

- 细分：细分用来控制模糊反射的品质，值高效果平滑，值小效果粗糙。
- 使用插补：勾选时，能够使用类似发光贴图的缓存方式来加速模糊反射的计算。
- 菲涅耳反射：勾选后反射强度会考虑物体表面的入射角度，反射会使用过渡色。菲涅耳反射的效果还取决于菲涅耳反射折射率。
- 菲涅耳反射折射率：用来控制菲涅耳反射后的反射强度。当菲涅耳反射率的取值为0-100时会产生完全反射。当反射率为1时，不进行反射率计算。图1-3-5所示为勾选菲涅耳反射时，菲涅耳折射率分别为0.0、1.0、1.6时的对比效果。
- 最大深度：定义反射的最多次数。一般保持默认即可。如果场景有大量的反射/折射材质的时候，应该设置比较大的深度次数。
- 退出颜色：当物体在反射材质中达到最大的指定深度后将停止反射计算，这是退出色定义的颜色进行返回。

折射

- 折射：如果希望当前材质是折射材质时，点击色块即可。为白色时材质属于完全透明效果。颜色越黑透明度越低。点击色块旁边的按钮还可以指定贴图来控制直射效果。
- 折射光泽度：用来控制折射的模糊程度。默认值为1.0时，可以得到绝对透明效果。数值越小模糊效果越强烈，如图1-3-6所示。

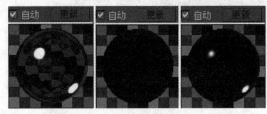

图1-3-5 菲涅耳折射率为0.0、1.0、
　　　　 1.6时的效果对比

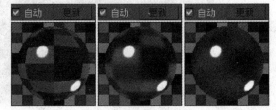

图1-3-6 光泽度为1.0、0.8、0.6
　　　　 时的效果对比

- 细分：细分用来控制折射模糊的品质，值低时会加速计算过程，值较高时效果更平滑。
- 使用插值：勾选时，能够使用类似发光贴图的缓存方式来加速折射模糊的计算。
- 折射率：用来设置透明物体的折射率。不同透明物体的折射率不同：真空的折射率为1.0；空气的折射率为1.000277；玻璃的折射率为：1.5；水的折射率为1.33。

- 最大深度：定义折射的最多次数。
- 退出颜色：当光线在折射材质中达到指定的最大深度后将停止折射计算，这时颜色将以退出色定义颜色进行返回。一般保持默认黑色即可。
- 半透明：勾选半透明并调节雾颜色后将可以应用次表面散射效果，仅勾选半透明只能表现出黑色效果。

2. VR材质包裹器

主要控制材质的全局光照、焦散和物体的不可见等特殊内容。通过包裹材质的设定，我们就可以控制所有赋有该材质的物体的全局光照、焦散和不可见等属性，其参数面板如图1-3-7所示。

图1-3-7 VR材质包裹器参数

基本材质：被包裹的基础材质，此材质必须是VRay渲染器支持的材质类型。

附加曲面属性

- 生成全局照明：控制物体GI光照的产生以及产生GI的倍增数量。
- 接收全局照明：控制物体GI光照的接受以及接受GI的倍增数量。
- 生成焦散：控制物体是否产生焦散。
- 接收焦散：控制物体是否接受焦散。

无光属性

- 无光曲面：控制物体是否可见，勾选后，物体将不可见。
- Alpha基值：控制物体在Alpha通道的状态。1表示物体产生Alpha通道，0表示物体不产生Alpha通道，−1表示会影响其他物体的Alpha通道。
- 阴影：控制物体是否产生阴影效果。勾选后，物体将接受阴影。
- 影响Alpha通道：勾选后，渲染出来的阴影将带Alpha通道。
- 颜色：用来设置物体产生的阴影颜色。
- 亮度：控制阴影的亮度。
- 反射值：控制物体的反射数量。
- 折射值：控制物体的折射数量。
- 全局照明值：控制物体的GI总量。

3. VR灯光材质

VRay灯光材质是一种自发光的材质，通过设置不同的倍增值可以在场景中产生的明暗效果。可以用来做自发光的物体，比如灯带、电视机屏幕、灯箱等，参数面板如图1-3-8所示。

图1-3-8　VR灯光材质参数面板

- 颜色：用于设置自发光材质的颜色，如果有贴图，则以贴图的颜色为准，此值无效。
- 倍增：用于设置自发光材质的亮度，相当于灯光的倍增值。
- 不透明度：用于指定贴图作为自发光。
- 背面发光：这个参数控制单面物体的背面是否发光。

4. VR双面材质

VR双面材质用于表现两面不一样的材质贴图效果，可以设置其双面渗透的透明度。这个材质简单易用，参数面板如图1-3-9所示。

图1-3-9　VR双面材质参数面板

- 正面材质：用于设置物体的材质为任意材质类型。
- 背面材质：用于设置物体背面的材质为任意材质类型。
- 半透明：设置两种以上材质的混合度。当颜色为黑色时，会完全显示正面的漫反射颜色；当颜色为白色时，会完全显示背面材质的漫反射颜色；也可以利用贴图通道来进行控制。
- 强制单面子材质：默认情况下将勾选此参数。当取消选项时，如果背面材质没有指定，将不会有光影投射效果。

5. VR快速SSS材质

3S材质是SSS材质的另外一种叫法，是Sub-Surface-Scattering的简写，指光线在物体内部的色散而呈现的半透明效果。用一个直观的例子来说明它的效果：在黑暗的环境下把手电筒的

图1-3-10　VR快速SSS参数面板

图1-3-11　VR代理材质参数面板

图1-3-12　VR混合材质参数面板

光线对准手手掌，这时手掌呈半透明状，手掌内的血管隐约可见，这就是3S材质。通常用这种材质来变现蜡烛、玉器和皮肤等半透明的材质，其参数面板如图1-3-10所示。

- 预通过比率：值为0时就相当于不用插值里的效果，为-1时效果相差1/2，为-2时效果相差1/4，依次类推。但默认值为-3时的效果并不理想，可以提高一些。
- 插值采样：用插补的算法来提高精度，可以理解为模糊过度的一种算法。
- 漫反射粗糙度：可以得到类似于绒布的效果，受光面能吸光。
- 浅层半径：浅层次表面散射半径，以场景尺寸为单位。
- 浅层颜色：浅层次表面散射颜色。
- 深层半径：深层次表面散射半径，以场景尺寸为单位。
- 深层颜色：深层次表面散射颜色。
- 背面散布深度：调整材质背面次表面散射的深度。
- 背面半径：调整材质背面次表面散射的半径。
- 背面颜色：调整材质背面次表面散射的颜色。
- 浅层纹理图：用浅层半径来附着的纹理贴图。
- 深层纹理图：用深层半径来附着的纹理贴图。
- 背面纹理图：用背面散射深度来附着的纹理贴图。

6. VR代理材质

VR代理材质用于控制场景的色彩溢出、反射、折射，其参数面板如图1-3-11所示。

- 基础材质：物体的基础材质，渲染时以基础材质表现。
- 全局光材质：计算GI（全局光）时，以此材质的颜色来计算。
- 反射材质：物体的反射材质，在其他有反射的物体里所反射的颜色。
- 折射材质：物体的折射材质，在其他有折射的物体里所折射的颜色。
- 阴影材质：基本材质的阴影将用该参数中的材质来控制，而基本材质的阴影将无效。

7. VR混合材质

VR混合材质可以让多个材质以层级关系混合来模拟复杂材质。VR混合材质和3ds Max里的混合材质的效果类似，参数面板如图1-3-12所示。

- 基础材质：层级最下面的材质，后面的材质都是以基础材质为基础。
- 镀膜材质：叠加在基层材质上面的材质。
- 混合数量：表面材质的混合层级，通过贴图通道上的位图的灰度值决定混合强度，黑色显示基础材质，白色显示次级材质，如果再次混合，新材质将在前面两个混合的基础上再次混合。
- 相加（虫漆）模式：选择这个参数，VR混合材质将和3ds Max里的虫漆材质效果类似，一般情况下不勾选该参数。

五、VRay贴图

1. VRayHDRI

VRayHDRI（VRay高动态范围贴图）主要用于场景的环境贴图，把HDRI当作光源使用，模拟场景的真实光线以及反射，参数面板如图1-3-13所示。

- HDR贴图：扩展名为hdr的高动态范围贴图文件。
- 全局多维：作为光源时的亮度。
- 渲染多维：设置渲染时的光强度倍增。
- 水平旋转：控制HDRI在水平方向的旋转角度。
- 水平翻转：让HDRI在水平方向向上反转。
- 垂直旋转：控制HDRI在垂直方向的旋转角度。
- 垂直翻转：让HDRI在垂直方向向上反转。
- 贴图类型：这里控制HDRI的贴图方式。
  - 成角贴图：主要用于使用了对角拉伸坐标方式的HDRI。
  - 立方环境：主要用于使用了立方体坐标方式的HDRI。
  - 球面环境：主要用于使用了球形坐标方式的HDRI。
  - 球状镜像：主要用于使用了镜像球坐标方向的HDRI。
  - 外部贴图通道：主要用于对单个物体指定环境贴图。
- 伽玛值：设定贴图的伽玛值。

图1-3-13　VRayHDRI参数面板

2. VR贴图

VR贴图一般用在3ds Max的标准材质中，参数设置面板如图1-3-14所示。

- 反射：当VR贴图放在反射通道里时，需要选择这个参数。
- 折射：当VR贴图放在折射通道里时，需要选择这个参数。
- 环境贴图：为反射和折射材质选择一

图1-3-14　VR贴图参数面板

个环境贴图。

- 反射参数

  - ➤ 过滤颜色：控制反射的程度，白色将完全反射周围的环境，而黑色将不产生反射效果。也可以用后面贴图通道里贴图的灰度来控制反射程度。
  - ➤ 背面反射：当选择这个参数时，将计算物理背面的反射效果。
  - ➤ 光泽度开关：控制模糊的开和关。
  - ➤ 反射光泽度：控制物体的反射模糊程度。0表示最大的模糊，100000表示最小程度的模糊（基本上没模糊的产生）。
  - ➤ 细分：用来控制反射模糊的质量，较小的值将有很多杂点，但是渲染速度快；较大的值将得到比较光滑的效果，但是渲染速度慢。
  - ➤ 最大深度：计算物体的最大反射次数。
  - ➤ 中止阀值：用来控制反射追踪的最小值，较小的值反射效果好，但是渲染速度慢；较大的值反射效果不理想，但是渲染速度快。
  - ➤ 退出颜色：当反射已经达到最大次数后，控制未被反射追踪到的区域的颜色。

- 折射参数

  - ➤ 过滤颜色：控制折射的程度，白色将完全折射，而黑色将不发生折射效果。同样也可以用贴图通道里的贴图灰度来控制折射程度。
  - ➤ 光泽度开关：控制模糊开和关。
  - ➤ 折射光泽度：控制物体的折射模糊程度。0表示最大程度的模糊，100000表示最小程度的模糊（基本上没模糊的产生）。
  - ➤ 细分：用来控制折射模糊的质量，较小的值将有很多杂点，但是渲染速度快；较大的值将得到比较光滑的效果，但是渲染速度慢。
  - ➤ 烟雾颜色：可以理解为光线的穿透能力，白色将没雾效果，黑色将不透明，颜色越深，光线穿透能力越差，雾效果越浓。
  - ➤ 烟雾倍增：用来控制雾效果的倍增，值越小，雾效果越淡，值越大，雾效果越浓。
  - ➤ 最大深度：计算物体的最大折射次数。
  - ➤ 中止阀值：用来控制折射追踪的最小值，较小的值折射效果好，但是渲染速度慢；较大的值折射效果不理想，但是渲染速度快。
  - ➤ 退出颜色：当反射已经达到最大次数后，控制未被折射追踪到的区域的颜色。

六、VRay 渲染参数

虽然VRay渲染器在使用方面要优于其他渲染软件，在功能方面也较其他大多数渲染软件更强大，但在功能强大而丰富的背后却是复杂而繁多的参数，因此要掌握此渲染器，首先要了解各个重要参数的功能。

1. 帧缓冲区

用来设置VRay自身的图形帧渲染窗口，这里可以设置渲染图的大小，以及保存渲染图形，其参数面板如图1-3-15所示。

- 启用内置帧缓冲区：控制是否开启VRay帧缓冲窗口。
- 渲染到内存帧缓冲区：是否将渲染窗口的信息保存在内存中并显示在渲染窗口中。勾选该参数后，系统将在渲染窗口

图1-3-15　VRay帧缓冲区卷展栏

中显示渲染进度。

● 显示最后的虚拟帧缓冲区：单击此按钮，可以看到上次渲染的图像。

输出分辨率

● 从 Max 获取分辨率：当勾选此参数时，将从 3ds Max 渲染面板里的"公用"选项卡中的"输出大小"获取渲染尺寸。

2. 全局开关

几何体（图 1-3-16）

● 置换：决定是否使用 VRay 自己的置换贴图。

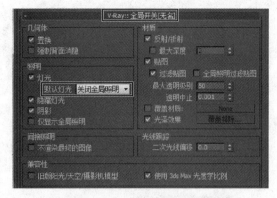

图 1-3-16　VRay 全局开关卷展栏

照明

● 灯光：场景灯光开关，该复选框被选择时表示渲染时计算场景中所有的灯光设置；取消选择后，场景中只受默认灯光和天光的影响。

● 默认灯光：默认灯光开关，此选项决定 VRay 渲染是否使用 Max 的默认灯光，通常情况下要被关闭。

● 隐藏灯光：是否使用隐藏灯光。该复选框被选择时表示系统会渲染场景中的所有灯光，无论该灯光是否被隐藏。

● 阴影：决定是否渲染灯光产生的阴影。

● 仅显示全局照明：决定是否只显示全局光。该复选框被选择时，表示直接光照将不包含在最终渲染的图像中。

材质

● 反射/折射：为 VRay 材质的反射和折射设置开关。取消选择，场景中的 VRay 材质将不会产生光线的反射和折射。

● 最大深度：通常情况下，材质的最大深度在"材质"面板中设置，当选择此复选框后，最大深度将由此选项控制。

● 贴图：是否使用纹理贴图。不选择该复选框表示不渲染纹理贴图。

● 过滤贴图：是否使用纹理贴图过滤。选择该复选框之后材质效果将显得更加平滑。

● 最大透明级别：控制透明物体被光线追踪的最大深度。

● 透明中止：控制对透明物体的追踪何时中止。

● 覆盖材质：选择这个复选框的时候，允许用户通过使用后面的材质槽指定的材质来替代场景中所有物体的材质来进行渲染。在实际工作中，常使用此参数将场景中的材质用一种白色材质替代，以观察灯光对场景的影响。

3. 图像采样器（反锯齿）

（1）类型（如图 1-3-17 所示）

图 1-3-17　VRay 图像采样器卷展栏

● 固定：这是 VRay 中最简单的采样器，对于每一个像素都使用一个固定数量的样本。

● 自适应确定性蒙特卡洛：这个采样器根据每个像素和它相邻像素的亮度差异产生不同数量的样本。

● 自适应细分：在没有 VRay 模糊特效（直接 GI、景深、运动模糊等）的场景中，它是最好的首选采样器。

（2）抗锯齿过滤器

下面介绍一些常用的抗锯齿过滤器：

● 区域：区域过滤器，这是一种通过模糊边缘来达到抗锯齿效果的方法，使用"区域"的"大小"来设置边缘的模糊程度。区域值越大，模糊程度就越强烈。它是测试渲染时最常用的过滤器。

● Mitchell-Netravali：可得到较平滑的边缘。

● Catmull-Rom：可得到非常锐利的边缘。

是否开启抗锯齿开关，对于渲染时间的影响非常大，笔者通常习惯在灯光、材质调整完成后，先在未开启抗锯齿的情况下渲染一张大图，等所有细节都确认没有问题的情况下，再使用较高的抗锯齿参数来渲染最终大图。

4．环境

环境允许用户在计算间接照明的时候替代3ds Max 的环境设置，这种改变GI环境的效果类似于天空光，卷展栏如图1-3-18所示。

图1-3-18　VRay环境卷展栏

● 开启：只有在这个复选框被选择后，其下的参数才会被激活。

● 颜色

➢ 允许用户指定背景（即天空光的颜色）。

➢ 指定反射/折射颜色。物体的背部部分和折射部分会反映出设置的颜色。

➢ 指定折射部分的颜色。物体的背光部分和反射部分不受该颜色的影响。

● 倍增值：上面指定的颜色的亮度倍增值。

● 贴图：None允许用户指定贴图。添加贴图后，系统会忽略颜色的设置，优先选择贴图的设置。

5．颜色贴图

类型（图1-3-19）

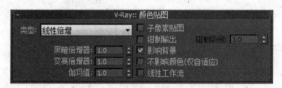

图1-3-19　VRay颜色贴图卷展栏

● 线性倍增：这种曝光方式的特点是能让图面的白色更明亮，所以该模式容易出现局部曝光现象。

● 指数：在相同的参数设置下，使用这种曝光方式不会出现局部曝光现象，但是会使画面色彩的饱和度降低。

提示：这两种曝光方式在实际的室内效果图制作过程中比较常用。

● 黑暗倍增器：用来对暗部进行亮度倍增。

● 变亮倍增器：用来对亮部进行亮度倍增。

● 影响背景：当取消选择该复选框时，颜色贴图将不会影响到背景的颜色。

6．间接照明（GI）

开：决定是否计算场景中的间接光照明。

全局照明焦散（图1-3-20）

● 反射：默认为关闭状态。

● 折射：默认为开启状态。

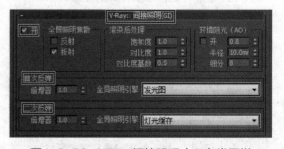

图1-3-20　VRay间接照明（GI）卷展栏

渲染后处理：这个命令组主要是对间接照明设置增加到最终渲染前进行的一些额外修正。

- 饱和度：这个参数控制着全局间接照明下的色彩饱和程度。
- 对比度：这个参数控制着全局间接照明下的明暗对比度。
- 对比度基数：这个参数和对比度参数配合使用。两个参数之间的差值越大，场景中的亮部和暗部对比强度就越大。

首次反弹

- 倍增值：这个参数决定为最终渲染图像贡献多少初级漫射反弹。
- 全局照明引擎：选择首次光线反弹计算使用的全局照明引擎，包括发光贴图、光子图、BF算法、灯光缓存。

二次反弹

- 倍增值：确定在场景照明计算中次级漫射反弹的效果。
- 全局照明引擎：选择二次光线反弹计算使用的全局照明引擎。

7. 发光图

内建预置（图1-3-21）

当前预设模式，系统提供了8种系统预设的模式供用户选择，如无特殊情况，这几种模式应该可以满足一般需要。

- 自定义：选择这个模式，用户可以根据自己的需要设置不同的参数，这也是默认的选项。
- 非常低：这个预设模式仅仅对预览目的有用，只表现场景中的普通照明。
- 低：一种低品质的用于预览的预设模式。
- 中：一种中等品质的预览模式，如果场景中不需要太多的细节，大多数情况下可以产生好的效果。
- 中-动画：一种中等品质的预设动画模式，目标就是减少动画中的闪烁。
- 高：一种高品质的预设模式，可以应用在最多的情形下，即使是具有大量细节的动画。
- 高-动画：主要用于解决高预设模式下渲染动画闪烁的问题。
- 非常高：一种极高品质的预设模式，一般用于有大量极细小的细节或极复杂的场景。

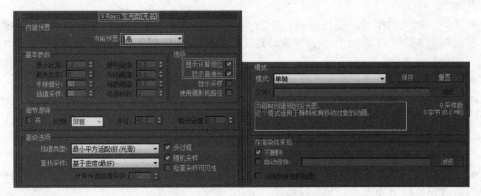

图1-3-21　VRay发光图卷展栏

基本参数

- 最小比率：这个参数确定GI首次传递的分辨率。
- 最大比率：这个参数确定GI传递的最终分辨率。
- 颜色阈值：这个参数确定发光贴图算法对间接照明变化的敏感程度。
- 法线阈值：这个参数确定发光贴图算法对表面法线变化的敏感程度。
- 距离阈值：这个参数确定发光贴图算法对两个表面距离变化的敏感程度。

● 半球细分：这个参数决定单独的GI样本的品质。较小的取值可以获得较快的速度，但是也可能会产生黑斑，较高的取值可以得到平滑的图像。

● 插值采样：定义被用于插值计算的GI样本的数量。较大的值会趋向于模糊GI的细节，虽然最终的效果很光滑，较小的取值会产生更光滑的细节，但是也可能会产生黑斑。

选项

● 显示计算相位：选择该复选框表示VRay在计算发光图时将显示发光图的传递，同时会减慢一点渲染计算，特别是在渲染大的图像的时候。

● 显示直接光：只在显示计算相位被选择的时候才能被激活。VRay在计算发光图的时候，显示初级漫射反弹除了间接照明外的直接照明。

● 显示采样：选择该复选框表示VRay将在VFB窗口以小圆点的形态直观地显示发光贴图中使用的样本情况。

高级选项

● 插值类型：系统提供了4种类型供选择，包括权重平均值、最小平方适配、Delone三角剖分和最小平方权重。

● 查找采样：这个选项在渲染过程中使用，它决定发光贴图中被用于插补基础的合适的点的选择方法，系统提供了4种方法供选择。

● 计算传递插值采样：在发光图的计算过程中使用，它描述的是已经被采样算法计算的样本数量。较好的取值范围是10～25。

● 多过程：在发光贴图计算过程中使用。

● 随机采样：在发光图的计算过程中使用，选择该复选框表示图像样本将随机放置，不选择表示将在屏幕上产生排列成网格的样本。默认为选择，推荐使用。

● 检查采样可见性：在渲染过程中使用。它将促使VRay仅仅使用发光图中的样本，样本在插补点直接可见，可以有效地防止灯光穿透两面接受完全不同照明的薄壁物体时产生的漏光现象。当然，由于VRay要追踪附加的光线来确定样本的可见性，所以它会减慢渲染速度。

模式

● 单帧：默认的模式，在这种模式下对整个图像计算一个单一的发光图，每一帧都计算新的发光图。在分布渲染的时候，每一个渲染服务器都各自计算它们自己的针对整体图像的发光图。

● 多帧增量：这个模式在渲染仅摄像机移动帧序列的时候很有用。

● 从文件：使用这种模式，在渲染序列的开始帧，VRay简单的导入一个提供的发光图，并在动画的所有帧中都使用这个发光图。整个渲染过程中不会计算新的发光图。

● 添加到当前贴图：在这种模式下，VRay将计算全新的发光图，并把它增加到内存中已经存在的贴图中。

● 增量添加到当前贴图：在这种模式下，VRay将使用内存中已存在的贴图，仅仅在某些没有足够细节的地方对其进行精炼。

● 块模式：在这种模式下，一个分散的发光贴图被运用在每一个渲染区域（渲染块）。这在使用分布式渲染的情况下尤其重要，因为它允许发光图在几部计算机之间进行计算。

在渲染结束后

● 不删除：此复选框默认为被选择状态，意味着发光图将保持在内存中直到下一次渲染前，如果不选择，则VRay会在渲染任务完成后删除内存中的发光图。

● 自动保存：如果选择该复选框，在渲染结束后，VRay会将发光图文件自动保存到指定的目录中。

- 切换到保存的贴图：这个复选框只有在自动保存被选择的时候才能被激活，选择的时候，VRay渲染器也会自动设置发光贴图为从文件模式。

8. 灯光缓存

这个卷展栏只有在用户选择灯光缓存渲染引擎作为首次或二次漫射反弹引擎的时候才能被激活，卷展栏如图1-3-22所示。

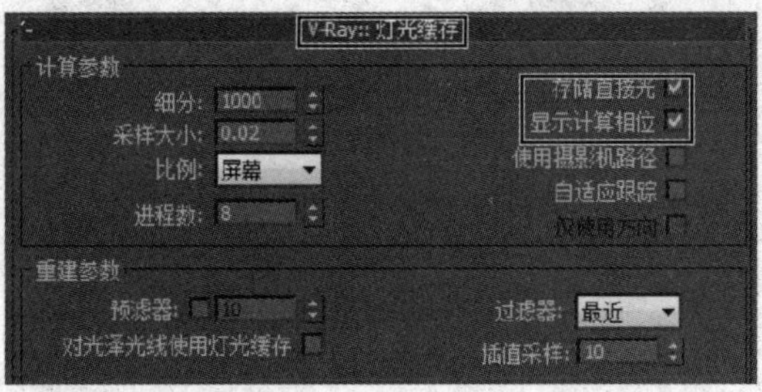

图1-3-22　VRay灯光缓存卷展栏

计算参数

- 细分：这个参数将决定有多少条摄像机可见的视线路径被追踪到。此参数值越大，图像效果就越平滑，但也会增加渲染时间。
- 采样大小：决定灯光贴图中样本的间隔。值越小，样本之间的相互距离就越近，灯光贴图将保存灯光的细节部分，不过会导致噪波的产生，并且占用较多的内存。值越大，效果越平滑，但也可能导致场景的光效失真。
- 比例：主要用于确定样本尺寸和过滤器尺寸，提供了屏幕和世界两种类型。
- 进程数：如果用户的CPU不是双核心或没有超线程技术则建议把这个值设为1，这样可以得到最好的结果。
- 储存直接光：选择这个复选框后，灯光贴图中也将储存和插补直接光照明的信息。
- 显示计算相位：选择这个复选框可以显示被追踪的路径。它对灯光缓存的计算结果没有影响，只是可以给用户一个比较直观的视觉反馈。

重建参数

- 预滤器：选择该复选框，在渲染前灯光贴图中的样本会被提前过滤。其数值越大，效果越平滑，噪波越少。
- 过滤器：这个复选框确定灯光贴图在渲染过程中使用的过滤器类型。
- 对光泽光线使用灯光缓存：如果选择该复选框，灯光贴图将会把光泽效果一同进行计算，在具有大量光泽效果的场景中，有助于加快渲染速度。

9. 确定性蒙特卡洛采样器

- 适应数量：控制计算模糊特效采样数量的范围，值越小，渲染品质越高，渲染时间越长。值为1时，表示全应用；值为0时，表示不应用，如图1-3-23所示。

图1-3-23　VRay确定性蒙特卡洛采样器

- 最小采样值：决定采样的最小数量。一般设置为默认即可。
- 噪波阀值：在评估一种模糊效果是否足够好的时候，控制VRay的判断能力，此数值对于场景中的噪点控制非常有效，此项数值越小，图像质量越好，但渲染时间也就越长。
- 全局细分倍增器：在渲染过程中，这个选项可以控制任何地方与任何参数的细分值。用户可以使用这个参数来快速增加或减少任何地方的采样品质。
- 时间独立：这个设置开关针对渲染序列帧有效。

项目小结

本单元主要对VRay渲染器的基础渲染参数进行讲解，这些渲染参数是VRay渲染器的核心内容，它们直接控制渲染的速度以及最终的效果。

第二部分

效果图项目实训

项目一 客厅效果图表现

项目背景

　　本项目的客厅设计风格定位为新中式风格，业主比较喜欢中式元素的线条美和中式元素特有的韵味，但是又担心传统的中式风会加重居家沉重和压抑的心理感受，与自身的年龄段相违背，因此，要求在传统中式设计风格的基础上增加现代元素，打破传统中式的沉闷。本项目在设计过程中，充分考虑业主的喜好和需求进行设计。

项目分析

1. 户型分析

　　本项目中的户型是一个三室二厅的户型，户型总面积大约是133平方米，客厅面积大概22平方米左右。客厅外面有一个面积不是很大的阳台，客厅和餐厅明显分离，基于业主的喜好和预算，客厅的设计风格定位为新中式风格。

2. 客厅设计要素

　　本项目的设计重点主要集中在吊顶和电视背景墙两个部分，吊顶主要采用简洁大方的方形造型，并在层次上做了一个递进处理。电视背景墙主要吸取了中式风格的对称和平衡，将墙面划分为三个部分，左右两侧采用方格化处理手法，材质上采用浅色木纹材质，具体施工过程中对于具体木材的质地选择范围广泛；造型墙中间主要是镜面和壁纸的使用，两个白色木条线造型将三种材质区别开来，又相互联系在一起，木条线的使用增加了墙面的层次感。家具的选择主要是中式和现代相结合的造型和颜色特征。

任务一 模型的建立

1. 熟悉导入户型图的基本方法。
2. 熟悉 3ds Max 的基本操作和制作技巧。
3. 熟悉单线建模的方法。
4. 熟悉二维图形的编辑，能够灵活创建背景造型。

1. 具备正确创建客厅室内空间的能力。
2. 具备结合客厅特点和功能进行设计并创建模型的能力。
3. 具备判断客户的需求并尽量满足的能力。

1. 单位设置

① 打开 3ds Max 软件，单击"自定义>单位设置"菜单命令，在弹出的"单位设置"对话框中，单击"系统单位设置"按钮，将系统单位设置为毫米。

② 在"显示单位比例"选项卡中，选中公制选项下的毫米。

③ 分别选中四个基本视口，按快捷键"G"，将视口中的网格隐藏起来。

2. 导入平面图形

① 顶视图中，单击"文件>导入"菜单命令，弹出"选择要导入的文件"对话框，找到事先准备好的户型图文件"客厅户型图、dwg"，单击"打开"将CAD文件导入到场景中来。

② 顶视图中，选中导入进来的户型图，在界面下方修改户型图坐标为（0，0，0），按快捷键"Z"，最大化显示所有视口，如图2-1-1所示。

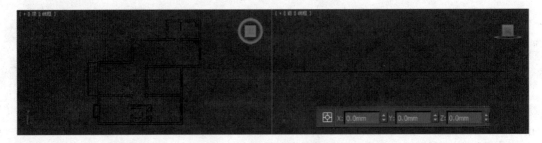

图2-1-1 导入平面图形

3. 创建墙体

① 在顶视图中，单击"创建面板>图形>线"按钮，打开工具栏中的"2.5维捕捉工具"，点击鼠标右键，设置捕捉类型为顶点，沿着户型图中客厅、餐厅和过道的位置进行画线，所有的顶点都要进行点击，最后形成封闭的样条线，如图2-1-2所示。

② 选中上一步绘制的闭合样条线，单击"修改面板>修改器列表"，在弹出的下拉列表中单击"挤出"命令，挤出数量设置为2800，如图2-1-3所示。

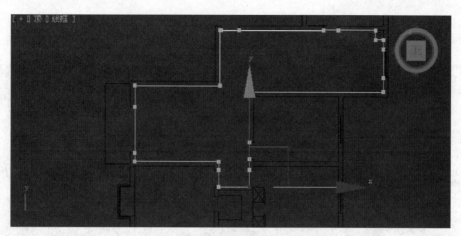

图2-1-2 绘制样条线

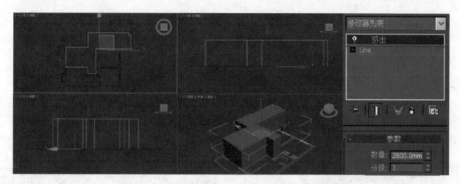

图2-1-3 挤出墙体

③ 选中挤出的墙体，单击"修改面板>修改器列表"，在弹出的下拉列表中单击"法线"命令，将墙体显示出来。

④ 为了观察场景中的物体，系统将默认给场景开启一盏光源。但为了更清楚地观察场景，可以将场景光源更改为两盏。执行"视图>视图配置"菜单命令，在开启的对话框中选择默认灯光为"2个灯光"，设置参数如图2-1-4所示，视图显示如图2-1-5所示。

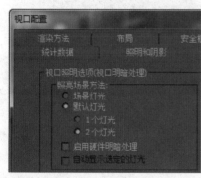

图2-1-4 视口配置

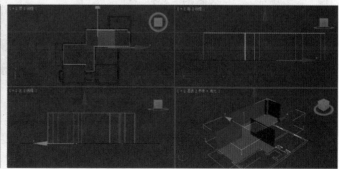

图2-1-5 显示墙体

4. 创建踢脚线

① 在顶视图中，选中刚创建的墙体，按住Shift键进行复制，并保持位置不动。选中刚复

制的墙体，在"修改面板>堆栈"中，删除"法线"命令；进入到"线段"子对象下，删除所有门口和飘窗口下方的线段，将原有的挤出高度设置为100，做成踢脚线，如图2-1-6所示。

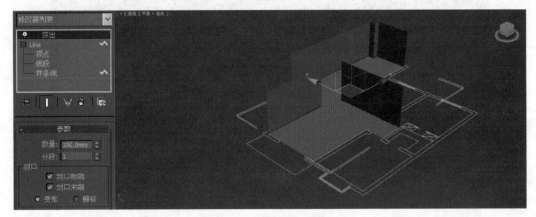

图2-1-6　挤出踢脚线

②　单击快捷键"M"按钮，打开"材质编辑器"对话框，选择一个空白材质球，在视图中选中踢脚线，将材质球重新命名为"踢脚线"，并赋予给踢脚线，如图2-1-7所示。

5．创建顶面和地面

①　选中"墙体"并在右键快捷菜单中将"墙体"转换为"可编辑多边形"，在"多边形"子对象中，选择墙体顶面，单击"编辑几何体"卷展栏下的"分离"按钮，将分离出的物体命名为"顶面"，如图2-1-8所示。

图2-1-7　指定材质球

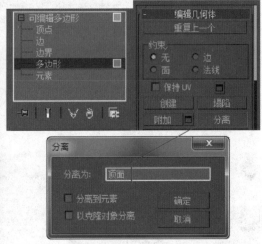

图2-1-8　分离

②　选中刚分离出来的顶面，单击快捷键"M"按钮，打开"材质编辑器"对话框，选择一个空白材质球，将材质球重新命名为"顶面"，并赋予给顶面。

③　如上一步操作，选中墙体，在"修改"面板中，进入到"多边形"子对象下，选中地面，单击"分离"按钮，将分离出的物体重新命名为"地面"，并选中地面，单击快捷键"M"按钮，打开"材质编辑器"对话框，选择一个空白材质球，将材质球重新命名为"地面"，并赋予给地面，如图2-1-9所示。

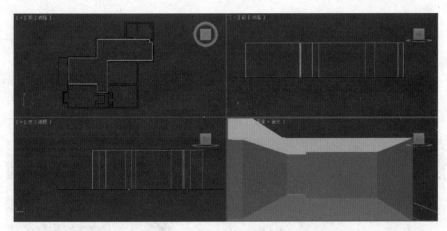

图2-1-9　创建顶面和地面

6. 创建门窗

① 按快捷键"F3"，将透视图中的墙体以线框的方式显示出来，在"修改"面板中，进入到"边"子对象下，按住Ctrl键，同时选中阳台哑口处的两条线段，单击"连接"按钮，将分段设置为1，如图2-1-10所示，然后选中连接出来的线段，将其Z轴上的高度改为2400。

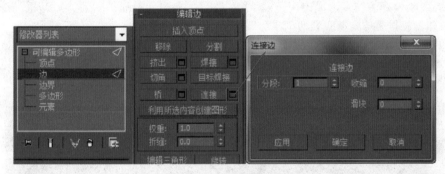

图2-1-10　连接边

② 左视图中，在"修改"面板中，进入到"多边形"子对象下，选中并删除阳台哑口处的多边形，做出阳台哑口处的窗洞，如图2-1-11所示。

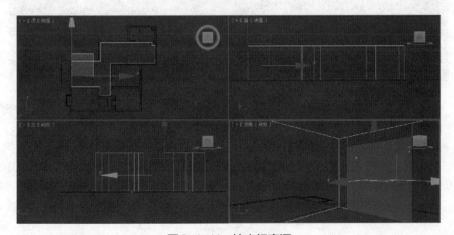

图2-1-11　挤出门窗洞

③ 如上一步操作，将入户门和卧室门都做出来。

④ 左视图中，单击"创建面板>图形>矩形"按钮，打开工具栏中"2.5维捕捉工具"，捕捉一个同阳台哑口大小一致的矩形，并将矩形转换为"可编辑样条线"，在"修改"面板中，进入到"线段"子对象下，删除矩形下方线段，然后进入到"样条线"子对象下，选中样条线，单击"轮廓"按钮，数量设置为60，在"修改面板>修改器列表"中单击"挤出"，挤出高度设置为240，做出阳台哑口处窗套造型，并在顶视图调整窗套的位置，如图2-1-12所示。

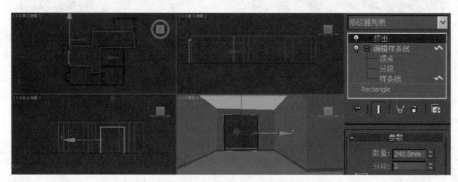

图2-1-12　创建窗套

⑤ 选中刚做好的窗套，单击快捷键"M"按钮，打开"材质编辑器"对话框，选择一个空白材质球，将材质球重新命名为"窗套"，并赋予给包边造型。

⑥ 同上一步操作，将入户门和其他门的门套造型创建完成，其中轮廓的数量为60，挤出高度为240，分别在前视图和顶视图调整门套的位置后，将窗套材质赋予给门套造型。如图2-1-13所示。

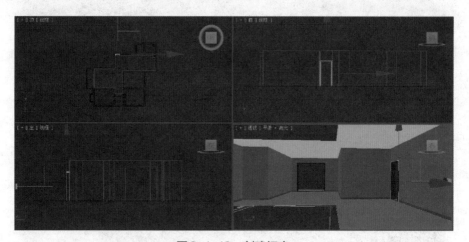

图2-1-13　创建门套

7. 创建吊顶

① 在顶视图中，单击"创建面板>图形>矩形"按钮，打开工具栏中"2.5维捕捉工具"，捕捉一个同客厅大小一致的矩形，将矩形转换为"可编辑样条线"，在"修改"面板中，进入到"样条线"子对象下，选中样条线，单击"轮廓"按钮，数量设置为450，在"修改面板>修改器列表"中单击"挤出"，挤出高度设置为60，并在前视图调整挤出吊顶在Z轴上的高度为2660，如图2-1-14所示。

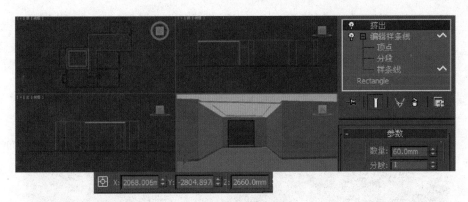

图2-1-14　创建吊顶

② 将上一步创建出来的吊顶复制一个，选中并保持位置不变，在"修改"面板中，进入到"样条线"子对象下，选中外圈线段并删除，然后，选中内圈线段，单击"轮廓"按钮，数值设置为–100，再删除原有的内圈线段。然后选中剩余的线段，单击"轮廓"按钮，数量设置为5，在"修改面板>修改器列表"中单击"挤出"，挤出高度设置为80，并在前视图调整挤出吊顶在Z轴上的高度为2720，此造型用来做后期吊顶灯带槽，来保证灯光的真实性，如图2-1-15所示。

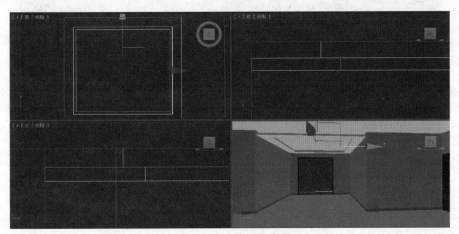

图2-1-15　创建吊顶

③ 在前视图中，选择下方吊顶，在顶视图中复制刚选择的吊顶，并保持位置不变。在"修改"面板中，进入到"样条线"子对象下，选中内圈线段并删除，然后框选外圈线段，单击"轮廓"按钮，数量设置为490，在"修改面板>修改器列表"中单击"挤出"，挤出高度设置为30，并调整其在Z轴上的高度为2690，如图2-1-16所示。

④ 单击"创建面板>图形>圆"按钮，在顶视图中创建一个半径为50的圆；单击右键将图形转换为"可编辑样条线"，在"修改"面板中，进入到"样条线"子对象下，选中样条线，单击"轮廓"按钮，数量设置为5；在"修改面板>修改器列表"中单击"挤出"，挤出高度设置为5。单击快捷键"M"按钮，打开"材质编辑器"对话框，选择一个空白材质球，将材质球重新命名为"金属"，并赋予给物体。

⑤ 选中上一步挤出的圆形并复制，在"修改"面板中，进入到"样条线"子对象下，选中样条线中外圈线段并删除；调整挤出高度为2.5。单击快捷键"M"按钮，打开"材质编辑器"对话框，选择一个空白材质球，将材质球重新命名为"灯光"，并赋予给对应的模型。

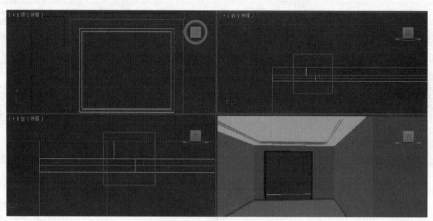

图2-1-16　创建吊顶

⑥ 在前视图中，选中上面两步创建的两个物体，单击"组>成组"菜单命令，弹出"组"对话框，命名为"筒灯"，分别在顶视图和前视图中，调整筒灯模型的位置，并复制出其他的筒灯造型，如图2-1-17所示。

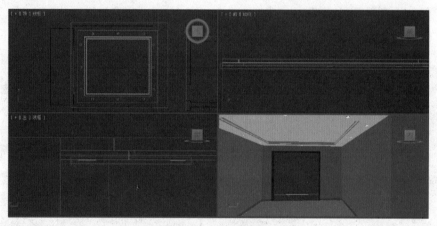

图2-1-17　创建筒灯

⑦ 同上面的操作，选择相应的工具和命令，创建出过道位置吊顶的造型，最后效果如图2-1-18所示。

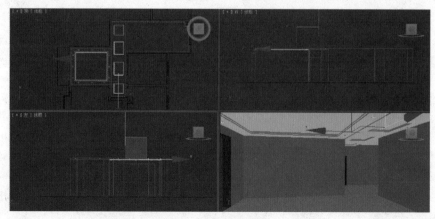

图2-1-18　过道吊顶

8. 创建电视背景墙

① 在前视图中，单击"创建面板＞图形＞矩形"按钮，打开工具栏中"2.5维捕捉工具"，捕捉一个矩形，矩形长、宽分别为435、800；将矩形转换为"可编辑样条线"，在"修改面板＞修改器列表"中单击"挤出"，挤出高度设置为30，将挤出的物体放到电视背景墙合适的位置，用来做墙面左右两侧的木纹造型。单击快捷键"M"按钮，打开"材质编辑器"对话框，选择一个空白材质球，将材质球重新命名为"木质"，并赋予给相对应的模型。

② 创建一个矩形，长、宽分别为10、10，利用"捕捉"工具放置到上一个物体下方。选中用来做木纹造型的长方体，按住"Shift"键，利用"捕捉"工具，借助刚创建的矩形所在的位置，复制5个长方体，做出电视背景墙一侧的木纹墙面造型。

③ 框选刚复制的木纹墙面造型，复制出电视背景墙另一侧的木纹墙面造型，效果如图2-1-19所示。

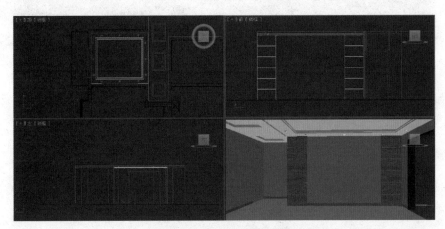

图2-1-19　创建电视背景墙

④ 在前视图中，单击"创建面板＞图形＞矩形"按钮，打开工具栏中"2.5维捕捉工具"，在电视背景墙造型内部捕捉一个矩形，将矩形转换为"可编辑样条线"，在"修改"面板中，进入到"线段"子对象下，删除下方线段，进入到"样条线"子对象下，选中所有的样条线，单击"轮廓"按钮，数量设置为50，在"修改面板＞修改器列表"中单击"挤出"，挤出高度设置为60，顶视图中，调整刚挤出物体的位置，如图2-1-20所示。单击快捷键"M"按钮，

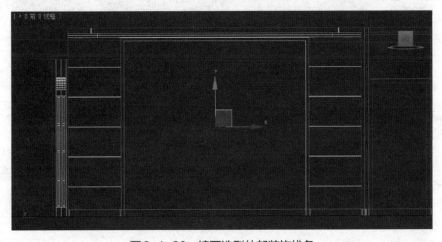

图2-1-20　镜面造型外部装饰线条

打开"材质编辑器"对话框,选择一个空白材质球,将材质球重新命名为"漆",并赋予给相对应的模型,此物体用来做镜面造型外部的装饰线条。

⑤ 在前视图中,单击"创建面板>图形>矩形"按钮,打开工具栏中"2.5维捕捉工具",在上一步镜面外部装饰线条内部捕捉一个矩形,将矩形转换为"可编辑样条线",在"修改"面板中,进入到"线段"子对象下,删除下方线段,进入到"样条线"子对象下,选中所有的样条线,单击"轮廓"按钮,数量设置为300,在"修改面板>修改器列表"中单击"挤出",挤出高度设置为30,做出镜面造型,顶视图中,调整镜面造型的位置,如图2-1-21所示。单击快捷键"M"按钮,打开"材质编辑器"对话框,选择一个空白材质球,将材质球重新命名为"镜子",并赋予给相对应的模型。

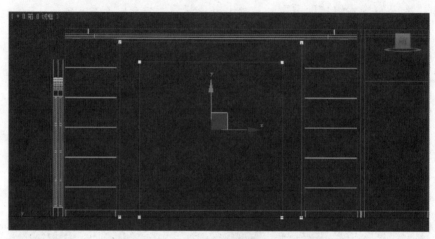

图2-1-21 镜子造型

⑥ 同第4步操作,做出镜面造型内部的装饰线条,如图2-1-22所示。

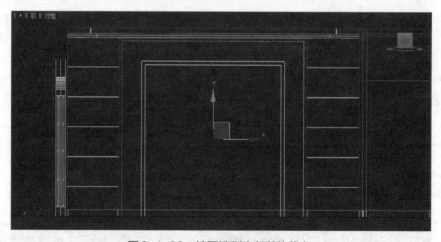

图2-1-22 镜面造型内部装饰线条

⑦ 在前视图中,单击"创建面板>图形>矩形"按钮,打开工具栏中"2.5维捕捉工具",在电视背景墙正中间位置捕捉一个矩形;在"修改面板>修改器列表"中单击"挤出",挤出高度设置为20,在顶视图中调整挤出造型的位置,用来贴壁纸。单击快捷键"M"按钮,打开"材质编辑器"对话框,选择一个空白材质球,将材质球重新命名为"电视壁纸",并赋予给相对应的模型。电视背景墙最后的造型如图2-1-23所示。

⑧ 在左视图中，单击"创建面板>几何体>长方体"按钮，打开工具栏中"2.5维捕捉工具"，在阳台外面捕捉一个长方体，选中矩形，高度设置为10，在前视图和顶视图平面调整长方体的位置，单击快捷键"M"按钮，打开"材质编辑器"对话框，选择一个空白材质球，将材质球重新命名为"玻璃"，并赋予给相对应的模型。

9. 导入家具

在顶视图中，单击"文件>导入>合并"菜单命令，找到事先准备好的模型文件"电视柜、max"和"沙发茶几组合、max"，导入到场景中，运用缩放和旋转工具来调整相应的位置和大小，客厅模型最后效果如图2-1-24所示，单击快捷键"Shift+Q"按钮，渲染创建的模型效果，如图2-1-25所示。

图2-1-23　创建电视壁纸

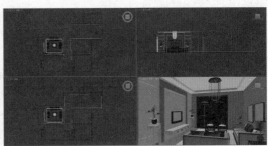

图2-1-24　导入模型

图2-1-25　模型渲染效果图

任务二　材质的设置

知识目标

1. 熟悉材质编辑器的使用方法；
2. 熟悉材质贴图通道和贴图方法；
3. 熟悉VR材质的常用功能；
4. 熟悉VR材质的基本工作原理。

能力目标

1. 具备按规律调整材质的能力；
2. 具备完成典型材质设置的能力；
3. 具备用VR材质表现室内家具真实质感的能力；
4. 具备用VR材质表现客厅设计中常用材质的能力。

任务实施

1. 设置V-Ray渲染器

单击快捷键"F10"按钮，弹出"渲染设置"对话框，单击"公用>指定渲染器>产品级>选择渲染器>V-Ray渲染器"按钮，通过此项设置为软件指定渲染器。

2. 设置场景材质

① 单击快捷键"M"按钮，弹出"材质编辑器"对话框，选择"踢脚线"材质球，单击"Standard"按钮，在弹出的"材质/贴图浏览器"中选择"VR材质"，调整漫反射颜色为"25，25，25"，以此来控制踢脚线表面的颜色，调整反射颜色"255，255，255"，以此来控制踢脚线的反光程度，具体参数设置如图2-1-26所示。场景中的踢脚线材质会自动改变为设置好的材质。

图2-1-26　踢脚线材质

② 单击快捷键"M"按钮，弹出"材质编辑器"对话框，选择"顶面"材质球，单击"Standard"按钮，在弹出的"材质/贴图浏览器"中选择"VR材质"，调整漫反射颜色为"255，255，255"，具体参数设置如图2-1-27所示。

图2-1-27　顶面材质

③ 单击快捷键"M"按钮，弹出"材质编辑器"对话框，选择"地面"材质球，单击"Standard"按钮，在弹出的"材质/贴图浏览器"中选择"VR材质"，调整漫反射颜色为"130，130，130"，单击漫反射颜色块后面按钮，在弹出的"材质/贴图浏览器"对话框中找到"位图"，为地板制定一个地砖的贴图，调整反射颜色为"255，255，255"，单击反射颜色块后面按钮，在弹出的"材质/贴图浏览器"对话框中找到"衰减"，为地板反射添加一个衰减效果，具体参数设置如图2-1-28所示。

图2-1-28　地面材质

④ 单击快捷键"M"按钮，弹出"材质编辑器"对话框，选择"木质"材质球，单击"Standard"按钮，在弹出的"材质/贴图浏览器"中选择"VR材质"，调整漫反射颜色为"120，120，120"，单击漫反射颜色块后面按钮，在弹出的"材质/贴图浏览器"对话框中找到"位图"，为木质材质制定一个黑胡桃木贴图，调整反射颜色为"255，255，255"，具体参数设置如图2-1-29所示。

⑤ 单击快捷键"M"按钮，弹出"材质编辑器"对话框，选择一个空白的材质球，重新命名为"灯光"，材质类型保持"Standard"不变，将漫反射颜色调整为白色，具体参数设置如图2-1-30所示。选中导入的灯模型，单击"组>解组"菜单命令，分别选择灯模型中的灯泡和吊顶上的筒灯造型，将刚设置好的灯光材质赋给相应的灯模型。

⑥ 单击快捷键"M"按钮，弹出"材质编辑器"对话框，选择"电视壁纸"材质球，单击"Standard"按钮，在弹出的"材质/贴图浏览器"中选择"VR材质"，调整漫反射颜色为"210，119，173"，单击漫反射颜色块后面按钮，在弹出的"材质/贴图浏览器"对话框中找到"衰减"，并调整衰减的颜色、贴图类型和衰减类型，具体参数设置如图2-1-31所示。

图2-1-29　木质材质

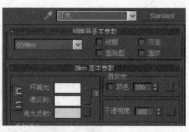

图2-1-30　灯光材质

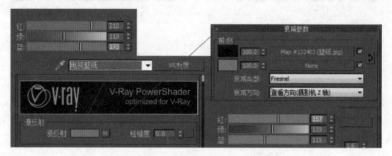

图2-1-31　电视壁纸材质

⑦ 单击快捷键"M"按钮，弹出"材质编辑器"对话框，选择一个空白的材质球，重新命名为"金属"，材质类型保持"Standard"不变，在明暗器选项卡中选择金属，将漫反射颜色调整为灰色，调整反射高光的数值，具体参数设置如图2-1-32所示。选中场景中具有金属属性的物体，将金属材质赋给相应模型。

⑧ 单击快捷键"M"按钮，弹出"材质编辑器"对话框，选择"镜子"材质球，单击"Standard"按钮，在弹出的"材质/贴图浏览器"中选择"VR材质"，调整漫反射颜色为"60，30，30"，调整反射颜色为"60，40，50"，降低高光光泽度，具体参数设置如图2-1-33所示。

图2-1-32　金属材质

图2-1-33　镜子材质

⑨ 单击快捷键"M"按钮，弹出"材质编辑器"对话框，选择一个空白材质球，重新命名为"灯金属"，单击"Standard"按钮，在弹出的"材质/贴图浏览器"中选择"VR材质"，调整漫反射颜色为黑色，调整反射颜色为白色，具体参数设置如图2-1-34所示。选中场景中灯模型上的金属构件，将灯金属材质赋予给相应的物体。

⑩ 单击快捷键"M"按钮，弹出"材质编辑器"对话框，选择一个空白材质球，重新命名为"灯玻璃"，单击"Standard"按钮，在弹出的"材质/贴图浏览器"中选择"VR材质"，调整漫反射颜色为深红色，调整反射颜色为浅红色，降低高光光泽度，调整折射颜色为白色，

改变折射率为1.53，并勾选影响阴影选项，具体参数设置如图2-1-35所示。选中场景中灯模型上的玻璃构件，将灯玻璃材质赋予给相应的物体。

⑪ 单击快捷键"M"按钮，弹出"材质编辑器"对话框，选择一个空白材质球，重新命名为"不锈钢"，单击"Standard"按钮，在弹出的"材质/贴图浏览器"中选择"VR材质"，调整漫反射颜色为深灰色，调整反射颜色为浅灰色，降低反射光泽度，具体参数设置如图2-1-2-11所示。选中场景中所有的不锈钢属性的物体，将不锈钢玻璃材质赋予给相应的模型。

⑫ 单击快捷键"M"按钮，弹出"材质编辑器"对话框，选择"玻璃"材质球，单击"Standard"按钮，在弹出的"材质/贴图浏览器"中选择"VR材质"，具体参数设置如图2-1-2-12所示。阳台处的玻璃材质会在场景中显示出来。

图2-1-34 灯金属材质

图2-1-35 灯玻璃材质

图2-1-36 不锈钢材质

图2-1-37 玻璃材质

3. 设置窗外风景

① 单击"渲染>环境"菜单命令，弹出"环境和效果"对话框，单击"环境贴图"下方的按钮，选择事先准备好的窗外风景图片，单击快捷键"M"按钮，弹出"材质编辑器"对话框，选择一个空白材质球，将"环境和效果"对话框中的贴图拖到材质球上，并选择实例复制，如图2-1-38所示，来改变场景外部的环境效果。

图2-1-38 设置窗外风景

② 客厅场景中主要材质和窗外风景设置完成以后，单击快捷键"Shift+Q"按钮，渲染创建的模型效果，如图2-1-39所示。

图2-1-39　材质渲染

任务三　设置摄影机

知识目标

1. 熟悉摄影机参数的基本概念；
2. 熟悉摄影机的常用参数与透视图的关系。

能力目标

1. 具备调整摄影机的各项参数的能力；
2. 具备用摄影机表达不同观察视角及构图而产生不同效果的能力；
3. 具备应用摄影机模拟实际场景中的视觉效果的能力。

任务实施

1. 调整相机角度

单击"创建面板>摄影机"按钮，选择"标准"选项中的"目标"，在顶视图中创建一架目标摄影机，通过移动工具来改变摄影机的位置和角度，如图2-1-40所示。

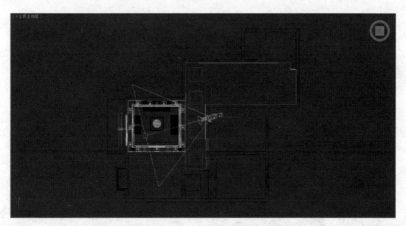

图2-1-40　调整相机角度

2．设置摄影机

选择摄影机，在修改面板中，勾选剪切平面选项，并调整近距剪切和远距剪切的距离，具体参数设置如图2-1-41、图2-1-42所示。通过添加手动剪切，扩大摄影机的视野范围。

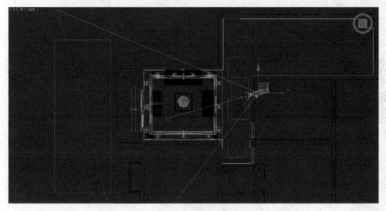

图2-1-41　调整摄影机　　　　　　　　　图2-1-42　剪切平面

3．检查模式

检查模型的大小、风格、位置，以及模型是否有破面、漏光、不完整以及丢失的现象。如果出现模型的损坏，应及时更换新的模型。

任务四　灯光的设置

 知识目标

1. 熟悉客厅设计中灯光的创建方法；
2. 熟悉不同灯光的使用方法和常用参数；
3. 熟悉VR灯光的使用方法。

 能力目标

1. 具备用VR灯光表现所需要的视觉效果的能力；

2. 具备结合客厅的使用功能进行灯光设计的能力；

3. 具备应用不同类型的灯光来模拟不同的视觉效果的能力。

1. 创建主光源

① 在左视图中，单击"创建面板 > 灯光"按钮，选择"V-Ray"选项中的"VR灯光"，拖动鼠标左键，创建一个同阳台大小一致的灯光，并在前视图和顶视图分别调整灯光的位置，在"修改"面板中，调整灯光的倍增器大小为10，颜色为黄色，勾选"不可见"选项，关闭"影响高光反射"和"影响反射"选项，位置如图2-1-43所示。

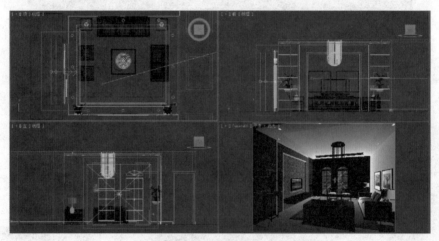

图2-1-43 创建主光源

② 在顶视图中，选择上一步创建的VR灯光，结合"Shift"按钮，采用复制的方式向内侧复制灯光，在"修改"面板中，调整灯光的位置，调整灯光的倍增器大小为8，颜色为天蓝色，参数如图2-1-44所示；完成主光源布光以后进行渲染测试，效果图如图2-1-45所示。

图2-1-44 主光源参数

图2-1-45 主光源效果图

2. 创建辅助光源

① 在前视图中，单击"创建面板 > 灯光"按钮，选择"光度学"选项中的"目标灯光"，拖动鼠标左键，从上向下拖出直线创建灯光，如图2-1-46所示。选中灯光，在"修改"面板中，启用阴影，类型选择"VR阴影"，灯光分布类型选择"光度学Web"，在"分布"选项卡

中，找到事先准备好的光域网文件，为灯光指定光域网文件，调整灯光强度为6000，颜色为白色，参数设置如图2-1-47所示。

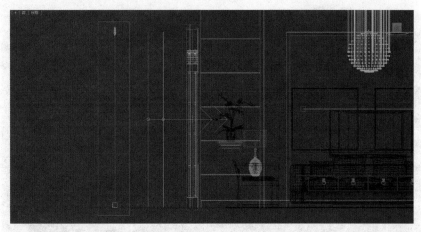

图2-1-46　创建辅助光源

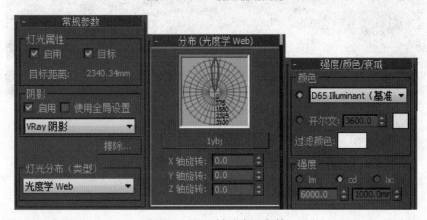

图2-1-47　辅助光源参数

② 在顶视图中，选择刚创建的目标灯光，结合"Shift"键，采用实例复制的方法复制目标灯光，并依据模型的位置需要调整灯光的位置和数量，如图2-1-48所示。

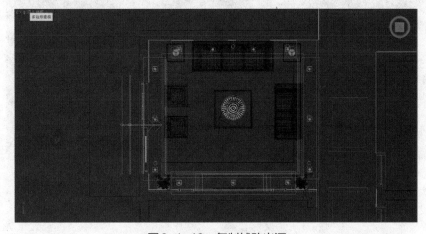

图2-1-48　复制辅助光源

③ 辅助灯光创建完成以后，需要反复渲染，查看灯光的形状、位置、大小和颜色，反复修改，直到满意为止。辅助灯光渲染效果图如图2-1-49所示。

图2-1-49　辅助光源效果

3．创建装饰光源

① 在顶视图中，单击"创建面板>灯光"按钮，选择"V-Ray"选项中的"VR灯光"，在吊顶上方拖动鼠标左键，创建一个同吊顶大小一致的灯光，沿着Y轴"镜像"，将VR灯光的目标点朝上，如图2-1-50所示。

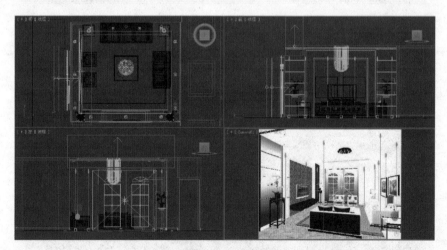

图2-1-50　创建灯带

② 选中VR灯光，在"修改"面板中，将灯光的倍增器数值改为10，颜色改为黄色，勾选"不可见"选项，关闭"影响高光反射"和"影响反射"选项，具体参数设置如图2-1-51所

示；修改完成以后，反复渲染，测试灯光的强度和颜色。

　　③ VR灯光的颜色和强度确定以后，顶视图中，选中VR灯光，对灯光进行多次复制，运用旋转和缩放工具，将另外三面吊顶的灯带效果做出来，具体布光如图2-1-52所示。灯带效果创建完成以后，还需要反复渲染，测试灯光的强度。最后灯光渲染的效果图如图2-1-53所示。

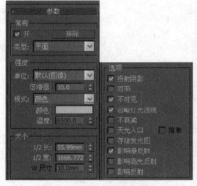

图2-1-51　灯带参数

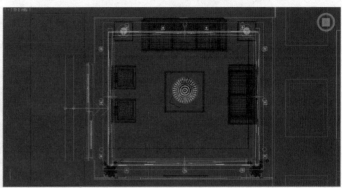

图2-1-52　复制灯带

图2-1-53　灯带效果

任务五　渲染设置和输出

 知识目标

　　1. 熟悉V-Ray渲染器的相关知识；
　　2. 熟悉渲染参数的选择与设置。

1. 具备为客厅场景设置渲染参数的能力；
2. 具备用 V-Ray 渲染设置来表现所需要的视觉效果的能力。

1. 设置试渲染参数

客厅场景中材质和灯光设置完成以后，需要调试渲染参数，对场景中的材质和灯光进行多次渲染、测试并修改参数。试渲染的目的是为了加快渲染速度，检查场景中的模型、材质和灯光。

① 单击主工具栏上的"渲染设置"按钮，在弹出的"渲染设置"对话框中，设置"公用"选项卡，如图2-1-54所示；设置"V-Ray""间接照明"选项卡，如图2-1-55所示。

② 设置V-Ray确定性蒙特卡洛采样器参数，调整适应数量和噪波阈值的数值，如图2-1-56所示。

图2-1-54　设置公用选项卡参数

图2-1-56　设置确定性蒙特卡洛采样器

图2-1-55　设置V-Ray、间接照明选项卡参数

③ 激活摄影机视图，单击"渲染"按钮，通过试渲染效果观察图像是否理想，如有不符合要求的情况出现，需耐心调试直至达到理想效果。

2. 设置最终渲染参数

最终渲染之前，为加快最后出图的速度，先渲染小图，然后将这个渲染的小图作为光子图保存起来，在使用光子图渲染一张尺寸大的图。

① 设置"图像采样器（反锯齿）""颜色贴图"及"间接照明（GI）"卷展栏，如图2-1-57所示。

② 设置"发光图""灯光缓存"卷展栏，如图2-1-58所示；激活摄影机视图，单击"渲染"按钮，渲染光子图，此时光子图已经保存在指定的路径上。

③ 完成光子图的渲染，将VR材质和VR灯光中的细分选项提升，以提高渲染图片的质量。

④ 设置图像输出大小为1600×1200。

⑤ 调整"发光图""灯光缓存"卷展栏，如图2-1-59所示。

⑥ 调整确定性蒙特卡洛采样器参数，如图2-1-60所示。

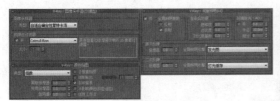

图2-1-57 设置图像采样器、颜色贴
图及间接照明卷展栏参数

图2-1-58 设置发光图、
灯光缓存卷展栏参数

图2-1-59 调整发光图、
灯光缓存卷展栏参数

图2-1-60 调整确定性蒙特卡洛采
样器卷展栏参数

⑦ 客厅效果图渲染效果如图2-1-61所示。

图2-1-61 客厅效果图

任务六　Photoshop后期处理

知识目标

1. 熟悉调整图像亮度对比度的方法；
2. 熟悉对效果图进行修补和校正的方法；
3. 熟悉使用多种滤镜的方法。

能力目标

1. 具备对图片进行整体把握处理的能力；
2. 具备对图片进行色调调整的能力；
3. 具备对图片进行修补的能力。

任务实施

1. 调整图像整体亮度

打开Photoshop软件，单击"文件>打开"菜单命令，打开"客厅效果图"文件。单击"图像>调整>亮度/对比度"菜单命令，在弹出的"亮度/对比度"对话框中设置参数如图2-1-62所示，来调整图片的整体亮度。

2. 调整图像饱和度

单击"图像>调整>色相/饱和度"菜单命令，在弹出的"色相/饱和度"对话框中设置参数如图2-1-63所示，来调整图片的整体明暗度和饱和度。

3. 调整图像高光

单击"图像>调整>阴影/高光"菜单命令，在弹出的"阴影/高光"对话框中设置参数如图2-1-64所示，来调整图片的整体效果；完成客厅效果图后期处理，效果如图2-1-65所示。

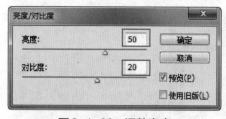

图2-1-62　调整亮度

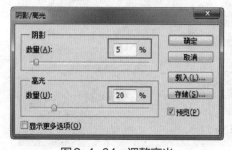

图2-1-64　调整高光

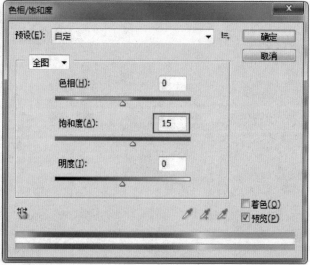

图2-1-63　调整饱和度

4. 保存文件

单击"文件 > 另存为"菜单命令，将处理后的图像进行保存，设置文件名为"客厅效果图表现"，保存类型为"*.jpeg"。

图2-1-65　客厅效果图表现

项目小结

　　新中式风格是最近几年逐渐流行的一种室内设计风格，是人们对于中国传统文化弘扬和创新的开始，在新中式风格的设计过程中，中式元素和现代材质的巧妙结合，传统家具、传统装饰色彩和传统布局方式的运用，都是需要注意的重点。本项目的设计流程主要有建墙体、确定造型、导入家具装饰物模型、赋材质、布光、渲染出图。室内装饰设计过程中，对于相关软件的熟练操作是必不可少的，对于风格的理解和把握，以及软装饰的搭配运用也是一名优秀的设计人员必须要具备的专业素质。

项目二　书房效果图表现

 项目背景

　　本项目是一个偏中式的书房设计方案，设计目标客户是一对老年夫妇，客户对于现代风格比较排斥，但是对现代中式风格也不是很赞同，要求在中式的基础上进行简化和现代化处

理。本项目在造型上主要以线条为主，家具的造型也偏向于中式简约，在色彩上主要以深色木为主，营造稳重、踏实和简单的空间氛围。

 项目分析

1. 户型分析

本户型是一个三室二厅的户型，书房的面积不是很大，书房和卧室共用一个阳台，向阳的房间阳光比较好。通过对客户的要求和客户的年龄、性格等因素进行具体分析之后，确定了本项目的设计风格为中式风格。

在制作过程中，制作重点放在墙体和室内造型的创建上，完成三维几何模型以后，再入手对场景中主要的材质和灯光进行设置，最后设置好参数进行渲染。

2. 书房设计要素

本项目在设计过程中，首先在常见吊顶的基础上进行了中式处理，在吊顶上方采用木质线条作为装饰，墙面造型主要由镜面、木质线条和壁纸墙组合而成，另外一面墙体则需进行装饰画的装饰处理。

本项目在家具选择上主要采用中式书柜和中式书桌相组合，隔断门的造型与书柜造型保持一致，隔断门、画框、门套的色调与家具的色调材质保持一致。

任务一　模型的建立

 知识目标

1. 熟悉导入户型图的基本方法；
2. 熟悉 3ds Max 的基本操作和制作技巧；
3. 熟悉单线建模的方法，能够灵活创建背景造型。

 能力目标

1. 具备正确创建书房室内空间的能力；
2. 具备结合书房特点和功能进行设计并创建模型的能力；
3. 具备判断客户的需求并尽量满足的能力。

 任务实施

1. 单位设置

① 打开 3ds Max 软件，单击"自定义>单位设置"菜单命令，在弹出的"单位设置"对话框中，单击"系统单位设置"按钮，将系统单位设置为毫米。

② 在"显示单位比例"选项卡中，选中公制选项下的毫米，如图 2-2-1 所示。

③ 分别选中四个基本视口，按快捷键"G"，将视口中的网格隐藏起来。

图 2-2-1　设置单位

2．导入平面图形

① 在顶视图中，单击"文件>导入"菜单命令，弹出"选择要导入的文件"对话框，找到事先准备好的户型图文件"书房户型、dwg"，单击"打开"将CAD文件导入到文件中来。

② 在顶视图中，选中导入的户型图，在界面下方修改户型图坐标为（0，0，0），按快捷键"Z"，最大化显示所有视口，如图2-2-2所示。

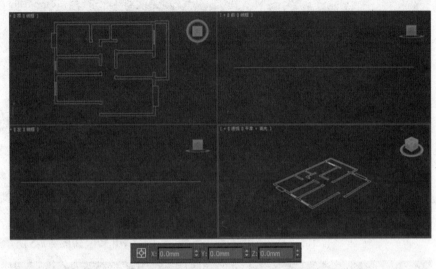

图2-2-2　导入户型图

3．创建墙体

① 在顶视图中，单击"创建面板>图形>线"按钮，打开工具栏中"2.5维捕捉工具"，并点击鼠标右键，设置捕捉类型为顶点，沿着户型图中书房的位置进行描线，所有的顶点都要进行点击，最后形成封闭的样条线，如图2-2-3所示。

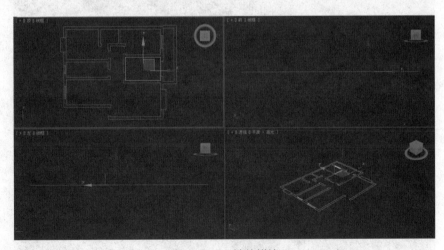

图2-2-3　墙体描边

② 选中刚刚绘制的闭合样条线，单击"编辑>克隆"菜单命令，在弹出的"克隆选项"对话框中选择复制，复制出另一条线。

③ 选择第二条线，重新命名为踢脚线，在"修改"面板中，进入到"线段"子对象下，

分别删除门口和阳台垭口处下方的线段；进入到"样条线"子对象下，选中样条线，单击"轮廓"按钮，数量设置为–10。单击"修改面板>修改器列表"，在弹出的下拉列表中选择"挤出"命令，并设置挤出数量为120，做出踢脚线造型，并选中第一步导入的户型图，点击右键隐藏当前选择，如图2-2-4所示。

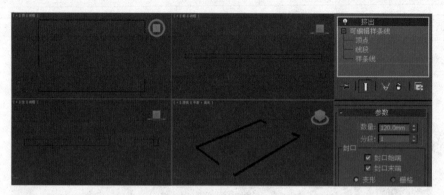

图2-2-4　挤出踢脚线

④ 选择第一条线，重新命名为墙体，单击"修改面板>修改器列表"，在弹出的下拉列表中选择"挤出"命令，并设置挤出数量为2800；在物体上单击鼠标右键将其转换为"可编辑多边形"；激活透视图，按快捷键"F3"，让图形以线框方式显示出来，如图2-2-5所示。

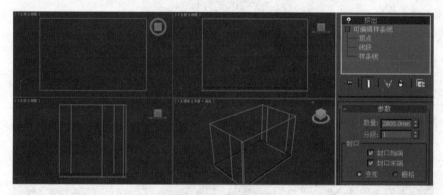

图2-2-5　挤出墙体

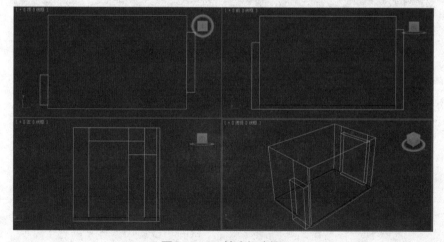

图2-2-6　挤出门窗洞

⑤ 在左视图中，在"边"子对象下，结合Ctrl键，选中表示门的两条边，单击"连接设置"按钮，分段设置为1，设置连接线段在Z轴上的高度为2000，用同样的操作，连接垭口处的线段，在Z轴上的高度设置为2400。

⑥ 在透视图中，在"多边形"子对象下，选中表示门的多边形，单击"挤出设置"按钮，挤出高度设置为240，并删除被挤出的多边形，做出门洞的造型。用同样的操作，挤出阳台处的窗洞造型，如图2-2-6所示。

4. 创建顶面和地面

① 在透视图中，在"多边形"子对象下，选择顶面的多边形，单击"分离"按钮，分离为顶面，设置如图2-2-7所示，然后删除被分离出来的顶面多边形。用同样的操作，将地面也分离出来并删除地面多边形。

② 在顶视图中，单击"创建面板>几何体>长方体"按钮，创建一个比房间面积稍大的长方体，高度设置为10，重新命名为地面。

③ 选择地面长方体，按住Shift键，利用复制的方式将地面长方体复制一个，重新命名为顶面，将其在Z轴上的高度调整为2800，如图2-2-8所示。

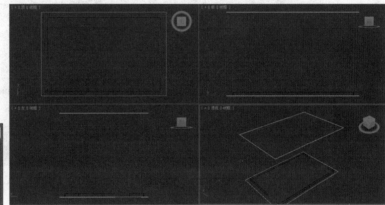

图2-2-7　分离选项　　　　　　图2-2-8　长方体创建地面和顶面

④ 选中墙体，单击"修改面板>修改器列表"，在弹出的下拉列表中单击"法线"命令，将墙体显示出来，如图2-2-9所示。

⑤ 在顶视图中，单击"创建面板>摄影机"按钮，选择"标准"选项中的"目标"按钮，备用镜头选择24mm，拖动鼠标左键，分别创建两架摄影机，并将摄影机高度调整为1200；激活透视图，按快捷键"C"将原有的透视图变换为摄影机视图。

⑥ 在顶视图中，单击"创建面板>灯光"按钮，选择"标准"选项中的"泛光灯"，单击鼠标左键，创建泛光灯，并将泛光灯高度调整为1600，如图2-2-10所示。按快捷键"Shift+C"和"Shift+L"可以分别将摄影机和泛光灯隐藏。

5. 创建门窗套

① 在左视图中，单击"创建面板>图形>矩形"按钮，打开工具栏中"2.5维捕捉工具"，捕捉一个同门大小一致的矩形，并将矩形转换为"可编辑样条线"；在"修改"面板中，进入到"线段"子对象下，删除矩形下方线段；在"样条线"子对象下，选中样条线，单击"轮廓"按钮，勾选"中心"选项，数量设置为60。在"修改面板>修改器列表"中单击"挤出"，挤出高度设置为280，在顶视图调整门套的位置，做出门套造型，如图2-2-11所示。

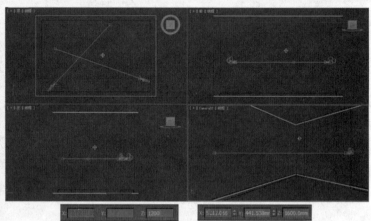

图2-2-9 法线显示墙体　　　　　　　　图2-2-10 创建灯光和摄影机

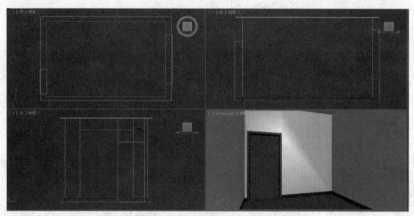

图2-2-11 创建门套

　　② 执行同样操作，左视图中，单击"创建面板>图形>矩形"按钮，捕捉一个同阳台垭口处大小一致的矩形，将图形转换为"可编辑样条线"；在"修改"面板中，进入到"线段"子对象下，删除矩形下方线段；在"样条线"子对象下，选中样条线，单击"轮廓"按钮，勾选"中心"选项，数量设置为60。在"修改面板>修改器列表"中单击"挤出"，挤出高度设置为280，在顶视图调整窗套的位置，做出阳台垭口处窗套造型，如图2-2-12所示。

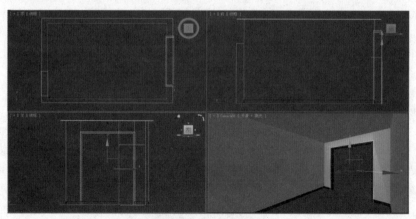

图2-2-12 创建窗套

6. 创建吊顶

① 在顶视图中，单击"创建面板>图形>矩形"按钮，打开工具栏中"2.5维捕捉工具"，捕捉一个同书房大小一致的矩形，将图形转换为"可编辑样条线"；在"修改"面板中，进入到"样条线"子对象下，单击"轮廓"按钮，数量设置为400。在"修改面板>修改器列表"中单击"挤出"，设置挤出高度为100，并在前视图调整挤出吊顶在Z轴上的高度为2700，如图2-2-13所示。

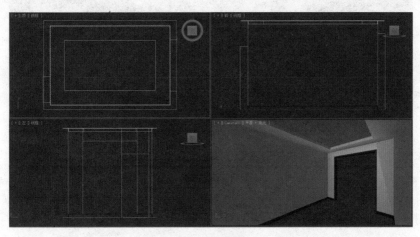

图2-2-13　创建吊顶（1）

② 在顶视图中，单击"创建面板>几何体>长方体"按钮，创建一个长、宽、高分别为1690、200、60的长方体，并调整位置到上一步创建的吊顶中央，前视图调整其在Z轴上的高度为2720；单击"编辑>克隆"菜单命令，在弹出的"克隆选项"对话框中选择实例，另外复制5个长方体，前视图中调整长方体的位置，如图2-2-14所示。

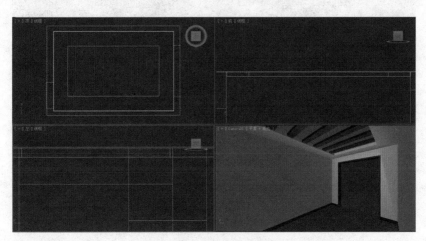

图2-2-14　创建吊顶（2）

③ 在顶视图中，单击"创建面板>几何体>圆环"按钮，创建一个圆环，半径1设置为50、半径2设置为8。

④ 在顶视图中，单击"创建面板>几何体>球体"按钮，创建一个球体，半径设置为45。选中球体，单击工具栏中的"对齐"工具，在弹出的"对齐当前选择"对话框中进行设置，将球体和圆环进行中心对齐。

⑤ 在前视图中，选中球体，单击工具栏中的"选择并均匀缩放"工具，在Y轴上将球体压扁，如图2-2-15所示。

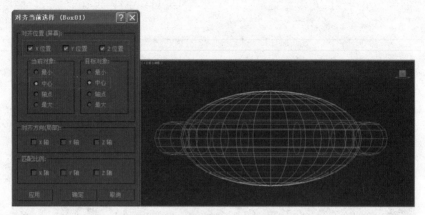

图2-2-15　创建筒灯

⑥ 在顶视图中，选中上面两步创建的两个物体，单击"组>成组"菜单命令，弹出"组"对话框，命名为"筒灯"，分别在顶视图和前视图中，调整筒灯模型的位置和高度，并复制出其他的筒灯造型，如图2-2-16所示。

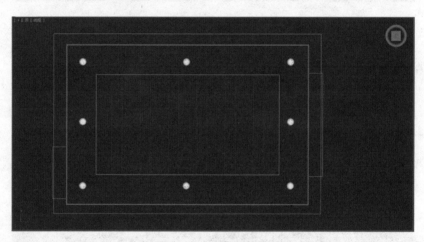

图2-2-16　复制筒灯

7.　创建背景墙造型

① 在前视图中，单击"创建面板>几何体>长方体"按钮，打开工具栏中"2.5维捕捉工具"，捕捉一个同墙面大小一致的长方体，并修改长、宽、高分别为2580、2380、10，重新命名为"镜面"，并放至合适的位置。

② 进行同样操作，在前视图中，单击"创建面板>几何体>长方体"按钮，打开工具栏中"2.5维捕捉工具"，捕捉一个同墙面大小一致的长方体，并修改长、宽、高分别为2580、1830、50，重新命名为"壁纸"，并放至合适的位置，如图2-2-17所示。

③ 在前视图中，单击"创建面板>几何体>长方体"按钮，打开工具栏中"2.5维捕捉工具"，捕捉一个同墙面大小一致的长方体，并修改长、宽、高分别为2580、40、40，重新命名为"造型"，分别在前视图和顶视图中放至合适位置以后，按住"Shift"键，选择实例复制，复制出其他的造型，如图2-2-18所示。

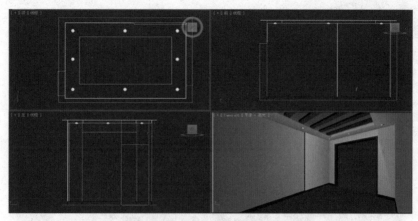

图2-2-17　创建背景墙（1）

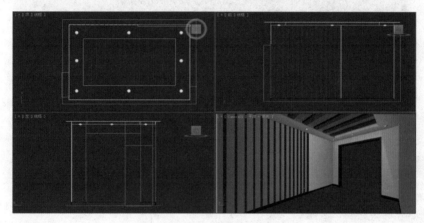

图2-2-18　创建背景墙（2）

8. 导入家具

在顶视图中，单击"文件>导入>合并"菜单命令，找到事先准备好的"门""吊顶""壁柜""沙发""书柜"等模型文件导入到场景中，并调整相应的位置和大小，以此来丰富场景内容，导入模型效果如图2-2-19所示；单击快捷键"Shift+Q"按钮，渲染并检查创建的模型效果，如图2-2-20所示。

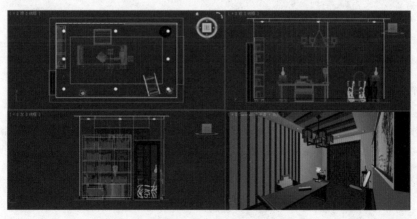

图2-2-19　导入模型

图2-2-20　模型渲染效果图

任务二　材质的设置

1. 熟悉材质编辑器的各项工具使用原理、用途以及使用方法；
2. 熟悉各种贴图通道和贴图方法；
3. 熟悉 VR 材质的常用功能；
4. 熟悉 VR 材质的基本工作原理。

1. 具备调整材质的基本属性的能力；
2. 具备完成典型材质设置的能力；
3. 具备应用材质模拟实际场景中视觉效果的能力；
4. 具备用 VR 材质表现书房设计中常用材质的能力。

在制作室内效果图的过程中，三维模型是场景布置和场景物体的再现，是场景几何形态的创作部分，材质则是表现场景中物体真实质感的重要途径，材质主要包含颜色、纹理、肌理、质感、表面粗糙程度等多种因素。

1. 设置 VRay 渲染器

单击快捷键"F10"按钮，弹出"渲染设置"对话框，单击"公用>指定渲染器>产品级>选择渲染器>V-Ray渲染器"按钮，通过此项设置为软件指定渲染器，如图2-2-21所示。

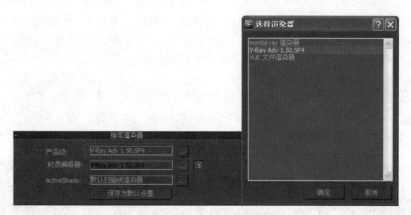

图2-2-21　指定渲染器

2．设置场景材质

① 单击快捷键"M"按钮，弹出"材质编辑器"对话框，选择一个空白的材质球，重新命名为"木质"，为了保持场景颜色的统一性，场景中的木质材质选中和导入模型相同的材质，选择"吸管"工具，在书桌模型上点击，木质家具的材质会自动显示到材质球上来，然后调整材质的颜色，参数设置如图2-2-22所示。然后分别选择场景中的门套、窗套、吊顶木线，单击"将材质指定给选定对象"，将木质材质赋予给场景中的物体。

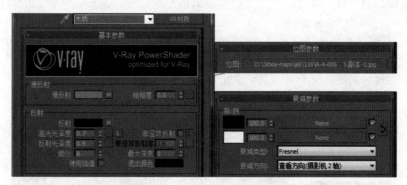

图2-2-22　木质材质参数设置

② 单击快捷键"M"按钮，弹出"材质编辑器"对话框，选择一个空白的材质球，重新命名为"白色乳胶漆"，单击"Standard"按钮，在弹出的"材质/贴图浏览器"中选择"VR材质"，在"漫反射"后面改颜色，颜色设置为"255，244，195，35，60，255"，参数设置如图2-2-23所示。然后在场景中选择墙体，单击"将材质指定给选定对象"，将设置好的材质赋予给墙体。进行同样的操作，将吊顶的材质也设置为白色乳胶漆材质。

图2-2-23　乳胶漆材质

③ 单击快捷键"M"按钮，弹出"材质编辑器"对话框，选择一个空白的材质球，重新命名为"壁纸"，单击"Standard"按钮，在弹出的"材质/贴图浏览器"中选择"VR材质"，在"漫反射"后面改颜色，"漫反射"后面贴一张位图，参数设置如图2-2-24所示；然后在场景中选择墙面中的长方体，单击"将材质指定给选定对象"，将设置好的壁纸材质赋予给长方体。赋予好材质以后，选择壁纸，单击"修改面板>修改器列表"，在弹出的下拉列表中选择"UVW贴图"命令，选择"平面"，长、宽设置为700、1100，如图2-2-25所示，以此来调整壁纸的图案大小。

图2-2-24 壁纸材质参数设置（1）   图2-2-25 壁纸材质参数设置（2）

④ 单击快捷键"M"按钮，弹出"材质编辑器"对话框，选择一个空白的材质球，重新命名为"镜子"，单击"Standard"按钮，在弹出的"材质/贴图浏览器"中选择"VR材质"，在"漫反射"后面改颜色来控制镜子本身的颜色，在"反射"后面改颜色来控制镜子的反射程度，参数设置如图2-2-26所示，然后在场景中选择对应墙面的多个长方体，单击"将材质指定给选定对象"，将设置好的镜子材质赋予给长方体。

图2-2-26 镜子材质参数设置

⑤ 单击快捷键"M"按钮，弹出"材质编辑器"对话框，选择一个空白的材质球，重新命名为"木地板"，单击"Standard"按钮，在弹出的"材质/贴图浏览器"中选择"VR材质"，在"漫反射"后面贴一张对应的木地板位图，在"反射"后面改颜色来控制地面的反射程度，

参数设置如图2-2-27所示，然后在场景中选择地面，单击"将材质指定给选定对象"，将设置好的木地板材质赋予给地面。

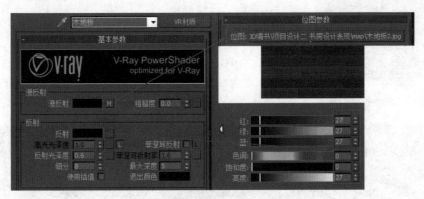

图2-2-27　木地板材质参数设置

　　⑥ 执行同样操作，书房场景中灯金属的材质参数设置如图2-2-28所示，灯玻璃的材质参数设置如图2-2-29所示。

图2-2-28　灯金属材质参数设置

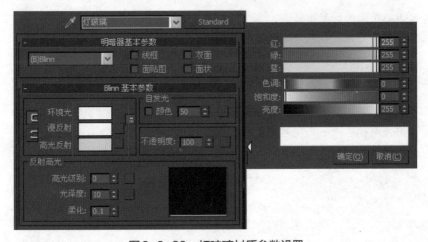

图2-2-29　灯玻璃材质参数设置

图2-2-30　设置窗外风景

3．设置窗外风景

①　单击"渲染>环境"菜单命令，弹出"环境和效果"对话框，单击"环境贴图"按钮下方的灰色按钮，在弹出的"材质/贴图浏览器"对话框中双击"位图"，为场景指定一个窗外风景图片，如图2-2-30所示，通过移动指定图片的位置来改变场景外部的环境效果。

②　书房场景中主要材质和窗外风景设置完成以后，单击快捷键"Shift+Q"按钮，渲染创建的模型效果，如图2-2-31所示。

图2-2-31　材质效果图

任务三　设置摄影机

知识目标

1．熟悉摄影机参数的基本概念；
2．熟悉摄影机的常用参数与透视图的关系。

能力目标

1．具备调整摄影机的各项参数的能力；
2．具备用摄影机表达不同观察角度及构图而产生不同效果的能力；
3．具备应用摄影机模拟实际场景中的视觉效果的能力。

任务实施

1．调整摄影机角度

单击"创建面板>摄影机"按钮，选择"标准"选项中的"目标"，在顶视图中创建一架

目标摄影机，通过移动工具来改变摄影机的位置和角度，在角度选择过程中，尽量选择两点透视，保证主墙面的完整，如图2-2-32所示。

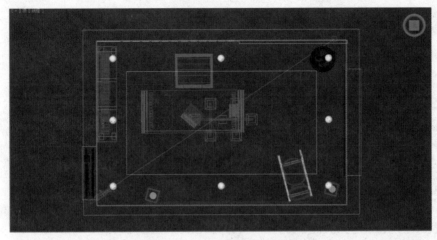

图2-2-32　调整摄影机位置

2．设置摄影机

选择摄影机，在修改面板中，勾选剪切平面选项，并调整近距剪切和远距剪切的距离，具体参数设置如图2-2-33、图2-2-34所示。通过添加手动剪切，扩大摄影机的视野范围。

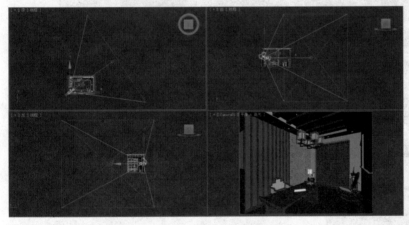

图2-2-33　调整摄影机　　　　　　　　　图2-2-34　剪切平面设置

3．模型的检查

检查模型的大小、风格、位置，以及模型是否有破面、漏光、不完整以及丢失的现象。如果出现模型的损坏，应及时更换新的模型。

任务四　灯光的设置

知识目标

1．熟悉书房设计中灯光的创建方法；

2. 熟悉不同灯光的使用方法和常用参数；
3. 熟悉VR灯光的功能和使用方法。

1. 具备用VR灯光表现所需要的视觉效果的能力；
2. 具备结合书房的特点和功能进行灯光设计的能力；
3. 具备应用不同类型的灯光来模拟实际场景中的视觉效果的能力。

1. 主光源

左视图中，单击"创建面板>灯光"按钮，选择"V-Ray"选项中的"VR灯光"，拖动鼠标左键，创建一个同阳台大小一致的灯光，并在前视图和顶视图中分别调整灯光的位置，在"修改"面板中，调整灯光的倍增器大小为20，颜色为蓝色，勾选"不可见"选项，关闭"影响高光反射"和"影响反射"选项，位置如图2-2-35所示，参数如图2-2-36所示。

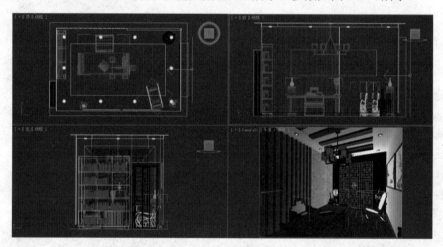

图2-2-35　创建主光源

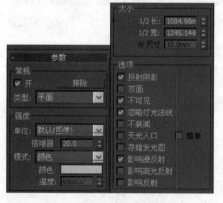

图2-2-36　主光源参数

2. 装饰光源

① 在前视图中，单击"创建面板>灯光"按钮，选择"光度学"选项中的"目标灯光"，拖动鼠标左键，从上向下拖出直线，创建灯光，如图2-2-37所示；选中灯光，在"修改"面板中，启用阴影，类型选择"VR阴影"，灯光分布类型选择"光度学Web"，在"分布"选项卡中，找到事先准备好的光域网文件，为灯光指定光域网文件，调整灯光强度为34000，颜色为白色偏黄，参数设置如图2-2-38所示。

② 在顶视图中，选择刚创建的目标灯光，按住快捷键"Shift"，采用实例复制的方法复制目标灯光，并依据模型的位置需要调整灯光的位置和数量，如图2-2-39所示。

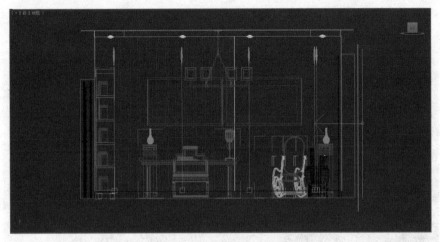

图2-2-37 创建装饰灯光

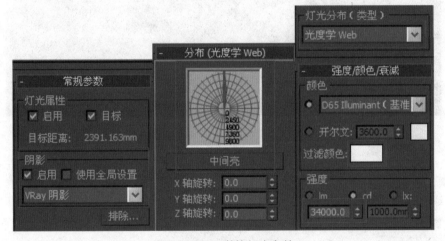

图2-2-38 装饰灯光参数

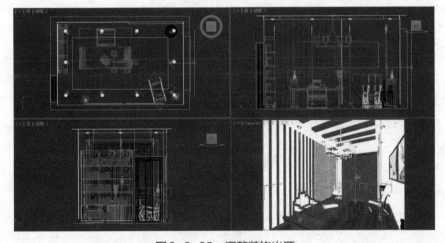

图2-2-39 调整装饰光源

③ 辅助灯光创建完成以后，需要反复渲染，查看灯光的形状、位置、大小和颜色，反复修改，直到最后满意为止。辅助灯光渲染效果图如图2-2-40所示。

图2-2-40　调整装饰光源

任务五　渲染设置和输出

 知识目标

1. 熟悉V-Ray渲染器的相关知识；
2. 熟悉渲染参数的选择与设置。

 能力目标

1. 具备为书房场景设置不同需求的渲染参数的能力；
2. 具备用V-Ray渲染设置来表现所需要的视觉效果的能力；
3. 具备运用3ds Max的渲染插件再现实际场景中的艺术效果的能力。

 任务实施

1. 设置试渲染参数

书房场景中材质和灯光设置完成以后，需要调试渲染参数，对场景中的材质和灯光进行多次渲染、测试并修改参数。试渲染的目的是为了加快渲染速度，检查场景中的模型、材质和灯光。

单击主工具栏上的"渲染设置"按钮，在弹出的"渲染设置"对话框中，设置"公用"选项卡，如图2-2-41所示；设置"V-Ray""间接照明"选项卡，如图2-2-42所示。

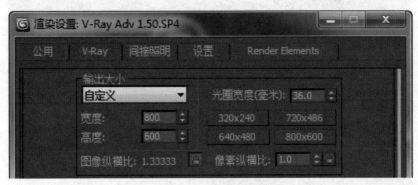

图2-2-41 设置公用选项卡参数

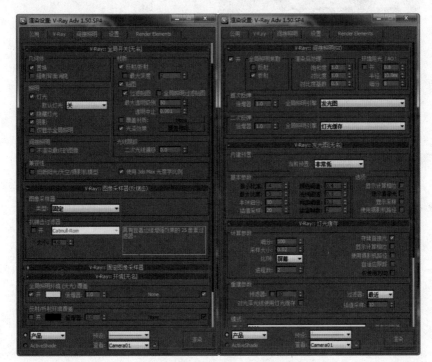

图2-2-42 设置V-Ray、间接照明选项卡参数

2. 渲染光子图

渲染光子图之前，应该保证物体位置不变，灯光强度不变，大面积颜色和材质不变。渲染光子图的目的主要是加快最后出图的速度。

① 设置"全局开关""图像采样器（反锯齿）"及"间接照明（GI）"卷展栏，如图2-2-43所示。

② 设置"发光图""灯光缓存"卷展栏，如图2-2-44所示；激活摄影机视图，单击"渲染"按钮，渲染光子图；现在光子图已经保存在指定的路径上，可以在设置最终渲染参数时将保存好的光子图加载过来。

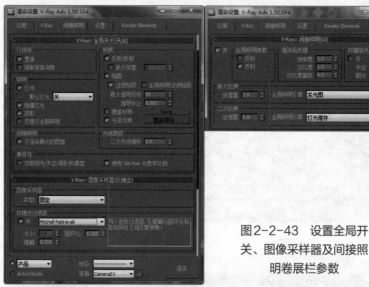

图2-2-43 设置全局开
关、图像采样器及间接照
明卷展栏参数

图2-2-44 设置发光图、
灯光缓存卷展栏参数

3. 设置最终渲染参数

最终渲染之前，将 VR 材质和 VR 灯光中的细分选项提升，以提高渲染图片的质量。

① 设置图像输出大小为 3200×2400。

② 设置"图像采样器（反锯齿）""颜色贴图"及"间接照明（GI）"卷展栏，如图2-2-45所示。

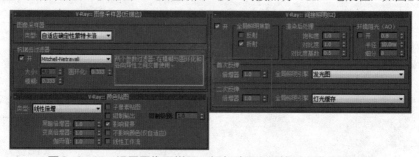

图2-2-45 设置图像采样、颜色贴图及间接照明卷展栏参数

③ 设置"发光图""灯光缓存"卷展栏，如图2-2-46所示。

图2-2-46　设置发光图、
灯光缓存卷展栏参数

④ 设置确定性蒙特卡洛采样器参数如图2-2-47所示。

图2-2-47　设置确定性蒙特卡洛采样器卷展栏参数

⑤ 书房效果图渲染效果如图2-2-48所示。

图2-2-48　书房效果图

任务六 Photoshop 后期处理

知识目标

1. 熟悉调整图像亮度对比度的方法；
2. 熟悉对效果图进行修补和校正的方法；
3. 熟悉使用多种滤镜的方法。

能力目标

1. 具备对图片整体亮度进行处理的能力；
2. 具备对图片进行色调调整的能力；
3. 具备对图片进行修补的能力。

任务实施

1. 调整图像整体亮度

① 打开 Photoshop 软件，单击"文件>打开"菜单命令，打开"书房效果图"文件。在"图层面板"的背景图层上单击鼠标右键，在弹出的右键快捷菜单中单击"复制图层"得到"背景副本"，如图 2-2-49 所示。

② 选择"背景副本"图层，单击"图像>调整>自动对比度"菜单命令，保证整个画面的色调不发生改变，整体色相不会出现偏差，并将"背景副本"图层的透明度调整为 60%，如图 2-2-50 所示；然后按快捷键"Ctrl+E"将两个图层合并为一个"背景"图层。

③ 选择刚合并得到的"背景"图层，再次复制出新的"背景副本"图层，选择"背景副本"图层，改变图层模式为"滤色"，并调整不透明度为 80%，如图 2-2-51 所示，以此来改变效果图的整体亮度；按快捷键"Ctrl+E"将两个图层合并为一个"背景"图层。如果图像没有达到理想的亮度的话，还可以同样复制图层，改变图层模式为"滤色"，通过调整不透明度的数值来控制图像的整体亮度。

　　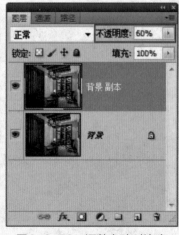　　

图2-2-49　复制图层　　　　图2-2-50　调整自动对比度　　　　图2-2-51　调整亮度

2．调整图像的色调

分析调整后的效果图，整体色调偏蓝。选择"背景"图层，单击"图像>调整>照片滤镜"菜单命令，弹出"照片滤镜"对话框，选择"加温滤镜"，浓度设置为40，通过如图2-2-52所示的设置参数，来调整图片发蓝的情况。

3．调整图像清晰度

选择"背景"图层，再一次复制出新的"背景副本"图层，选择"背景副本"图层，单击"滤镜>锐化>锐化"菜单命令，对图层进行锐化处理，提高图像的边缘清

图2-2-52　照片滤镜

晰度，并改变"背景副本"图层的不透明度为70，以此来调整图片的整体清晰度。按快捷键"Ctrl+E"，将两个图层合并为一个"背景"图层；完成书房效果图后期处理，效果如图2-2-53所示。

4．保存文件

单击"文件>另存为"菜单命令，将处理后的图像进行保存，设置文件名为"书房效果图表现"，保存类型为"*.jpeg"。

图2-2-53　书房效果图表现

项目小结

本项目在制作过程中，如何形成和保持设计风格是设计的重点，吊顶和墙面造型的确立，材质的确定，家具的选择以及灯光的表现，都是设计过程中要的注意事项。作为设计师，平时对于不同风格家具的把握，对于不同目标客户的心理分析，对于设计作品风格的确定都是一点一滴积累起来的，平时的多看、多想、多动手，对于设计师自身素质的提高起到了至关重要的作用。

项目三　办公室效果图表现

项目背景

本项目是一个办公空间设计方案，客户要求做出现代简约的风格，其中要考虑室内采光的效果，所以在此采用了中午的太阳光。室内空间的材料主要使用乳胶漆、实木、金属、布纹、玻璃等材质。在效果图表现中采用了暖色调，这样可以很好地营造出现代简约风格的氛围。最后在渲染效果的时候还要注意空间的比例关系，如图2-3-1所示。

图2-3-1　办公室现代简约效果

项目分析

1．户型分析

在制作之前，应该就户型本身的特点和表现思路与建筑设计师进行详细地沟通，充分了解设计师的意图，这项工作对于渲染后期来说尤为重要。因为要表现的是一个现代简约的效果，所以要将设计的元素、色彩、照明、原材料简化到最少的程度，让空间看上去简洁而大气。

2．办公空间设计要素

在现代的城市中，上班族大约有1/3的时间在办公室中度过，办公空间已经成为人类活动空间中重要的组成部分。特别是在快节奏、高效率的现代社会，办公空间环境的质量好坏对其使用者情绪和心理的影响越发显著，甚至直接影响到使用者的工作效率和质量，这也反映出现代的上班族对于办公空间环境的要求越来越高，所以如何使办公空间环境的布局更加符合现代人的心理需要已经成为业主和设计师共同关心的问题。传统建筑设计中注重功能的平面布置方法已经不能满足现代社会发展的需要，现代办公环境的设计应更注重空间环境的布局对人生理、心理和情感需求的满足，良好的空间环境设计能缓解人紧张的情绪，减轻人们的疲劳感，满足人们的注重私密的心理，增强员工对公司的归属感和向心力，使员工在公司办公的时候能够拥有更多的自主性，也使办公室的空间布局在以后的发展中更倾向于人性化。

任务一　模型的建立

知识目标

1. 熟悉导入户型图的方法。
2. 熟悉 3ds Max 的基本操作和制作技巧。
3. 熟悉单线建模的方法与运用。

能力目标

1. 具备正确创建办公空间设计的能力。
2. 具备结合办公空间的特点和功能进行设计并创建相对应基础模型的能力。
3. 具备正确满足客户的需求来合理设计的能力。

任务实施

1. 分析并整理图纸

为了便于更好地在 3ds Max 中进行参考制作，需要对复杂的施工图进行一些整理，在导入 3ds Max 软件之前，通常需要删除 CAD 图纸中的一些辅助参考线和文字说明，这样在制作时可以直观地看到需要制作的内容。

2. 确定系统单位

在建立模型前需要先设置好系统单位。执行"自定义>单位设置"菜单命令，如图2-3-2所示。开启"单位设置"对话框。单击对话框上方的"系统单位设置"按钮，将单位设置为"毫米"，如图2-3-3所示。

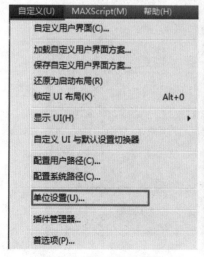

图2-3-2　自定义参数

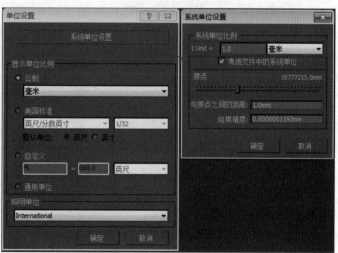

图2-3-3　单位设置参数

3. 导入AutoCAD文件

① 运行AutoCAD，单击"文件>打开"菜单命令，选择"经理办公室CAD平面图、dwg"，如图2-3-4所示，把CAD标注、文字等无用信息隐藏。这里以办公室平面图为例，其他平面文件的整理方法相同。

② 导入模型的CAD线框。执行"文件>导入"菜单命令，在开启的"选择要导入的文件"对话框中选择"经理办公室CAD平面图、dwg"文件；选择文件后，在开启的"导入选项"对话框中进行设置，如图2-3-5所示。

图2-3-4　经理办公室CAD平面图

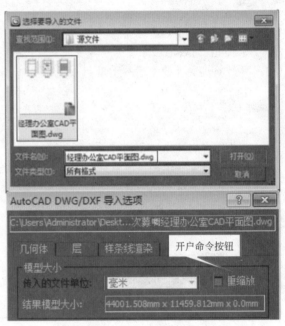

图2-3-5　导入文件

③ 在设置完成后，单击"确定"按钮，将需要导入的文件导入到3ds Max中，如图2-3-6所示。

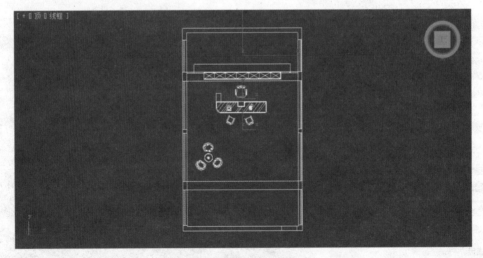

图2-3-6　导入模型

④ 为了防止导入的线框物体中任意线框被随意选中并移动位置，需要将它们设置成组。单击"组>成组"菜单命令，在弹出的"组"对话框中设置组名为"线框模型"。

⑤ 选择"线框模型"，单击"层级面板>调整轴"卷展栏中的"仅影响轴"按钮，同时单击"居中到对象"按钮使物体的中心居中，避免操作中出现问题，如图2-3-7所示，完成对齐后，关闭"仅影响轴"按钮。

⑥ 右键单击"主工具栏>选择并移动"按钮，在弹出的"移动变换输入"对话框中，将"X、Y、Z"三轴坐标归零，如图2-3-8所示。

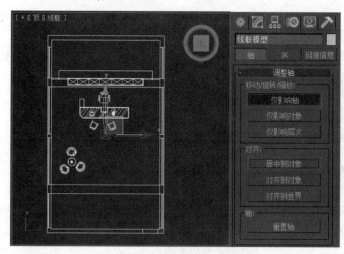

图2-3-7　层次面板设置

图2-3-8　坐标归零

4. 建立墙体、门、窗洞、吊顶等模型

① 依照导入的CAD线框建立场景模型。右键单击"线框模型"，在菜单中选择"冻结当前选择"命令，此时被冻结后的线框显示为灰白色。

② 单击"主工具栏>2.5维捕捉"按钮，并在按钮上单击鼠标右键，对弹出的"栅格和捕捉设置"对话框进行设置，如图2-3-9所示。

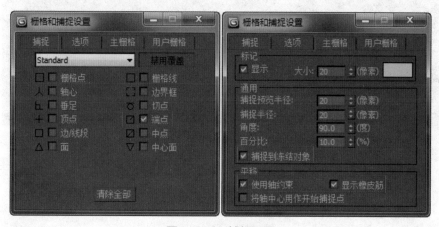

图2-3-9　捕捉设置

③ 单击"创建面板>图形"按钮，选择"样条线"选项中的"线"，在顶视图中沿着冻结线框的内轮廓单击鼠标，创建如图2-3-10所示的线框。

④ 单击"修改面板>修改器列表",在弹出的下拉列表中选择"挤出"命令,并设置挤出数量为2800,将得到的物体命名为"墙体"。

注意: 按下F4键,显示线框边面,可以快速让我们观察捕捉线型,来制作物体。

---

⑤ 为了观察场景中的物体,系统将默认给场景开启一盏光源。但为了更清楚地观察场景,可以将场景光源更改为两盏。执行"视图>视图配置"菜单命令,在开启的对话框中选择默认灯光为"2个灯光",如图2-3-11所示。

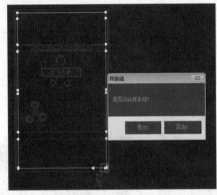

图2-3-10　连接内轮廓　　　　图2-3-11　视口配置

⑥ 选中"墙体",并在右键快捷菜单中将"墙体"转换为"可编辑多边形",在"多边形"子对象中,选择墙体顶面,单击"编辑几何体"卷展栏下的"分离"按钮,将分离出的物体命名为"天花",如图2-3-12所示。

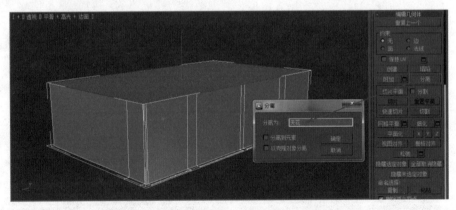

图2-3-12　分离天花

⑦ 门的制作。在"边"子对象中,结合"Ctrl"键,选择如图2-3-13所示的两条边;在"编辑边"卷展栏中单击"连接设置"按钮,在弹出的"连接边"对话框中将分段设置为1,如图2-3-14所示,墙面上添加了一条边。

⑧ 单击"主工具栏>选择并移动"按钮并激活透视图,在状态行Z轴中输入2300,此时,当前边将沿Z轴向上移动,如图2-3-15所示。

⑨ 在"多边形"子对象中,选中如图2-3-16所示的面,单击"挤出设置"按钮,按"局部法线"类型设置挤出高度为240;删除挤出的面。

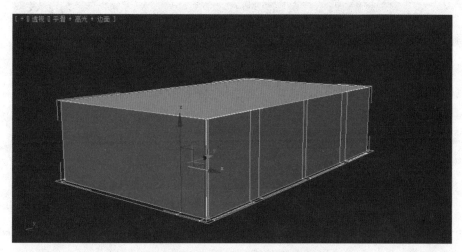

图2-3-13　门框边的选择

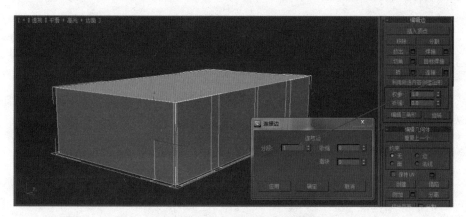

图2-3-14　门框边的分段设置

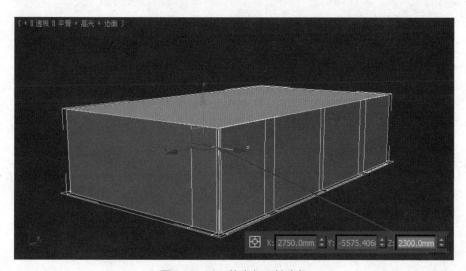

图2-3-15　状态行Z轴坐标

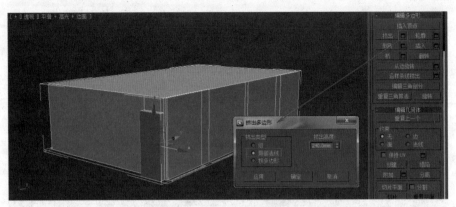

图2-3-16　挤出高度

⑩ 窗洞的制作。在"边"子对象中，结合"Ctrl"键，选择位于窗口处的两条纵边；在"编辑边"卷展栏中单击"连接设置"按钮，在弹出的"连接边"对话框中将分段设置为3，如图2-3-17所示，墙面上添加了三条横边。

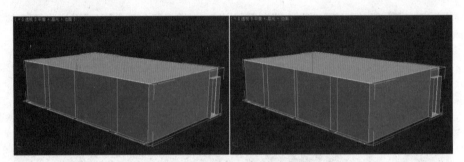

图2-3-17　窗洞边的选择及分段设置

⑪ 单击"主工具栏>选择并移动"按钮并激活左视图，按照横边在Z轴所处位置，在状态行Z轴中分别输入700、1200、2100，此时，三条横边位置有所变化，效果如图2-3-18所示；单击"连接设置"按钮，在弹出的"连接边"对话框中将分段设置为2，如图2-3-19所示。

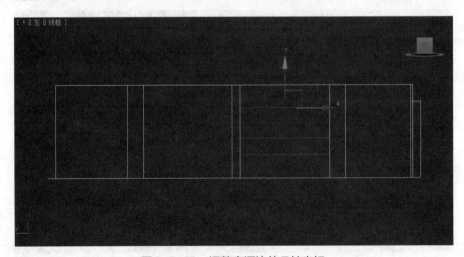

图2-3-18　调整窗洞边的Z轴坐标

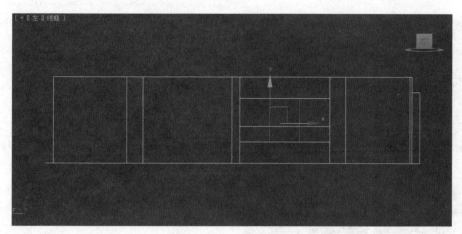

图2-3-19　再次连接边

　　⑫ 在"多边形"子对象中，选中如图2-3-20所示的面，单击"挤出设置"按钮，按"局部法线"类型设置挤出高度为240；单击"插入设置"按钮，按"多边形"类型设置插入量为40，如图2-3-21所示。

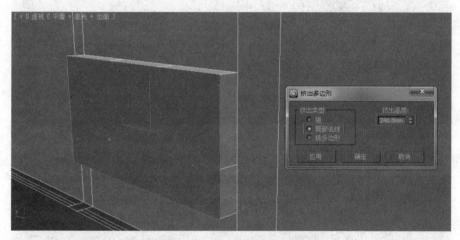

图2-3-20　窗洞挤出高度

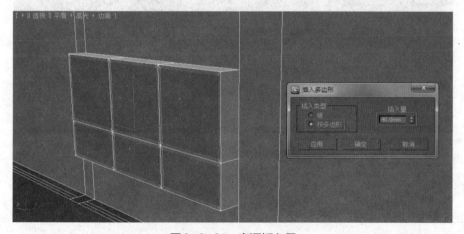

图2-3-21　窗洞插入量

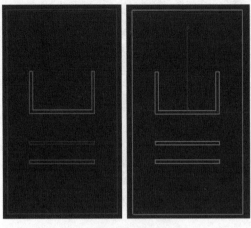

图2-3-22　吊顶样式

注意：其他的窗洞就不在此继续制作，可以根据以上制作方法来演化。

⑬ 吊顶的制作。首先在顶视图选择全部框架，进行"冻结"参照；选择"2.5维捕捉"命令，用"线"和"矩形"绘制如图2-3-22所示的吊顶空间样式；将外框转化为"可编辑样条线"后单击"附加"按钮，将所有二维图形合并为一个整体；单击"修改面板>修改器列表"，在弹出的下拉列表中选择"挤出"命令，并设置挤出数量为120，如图2-3-23所示。

⑭ 经过以上种种的模型制作，场景模型的框架建立完成，如图2-3-24所示。

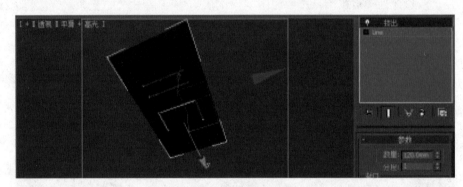

图2-3-23　吊顶效果

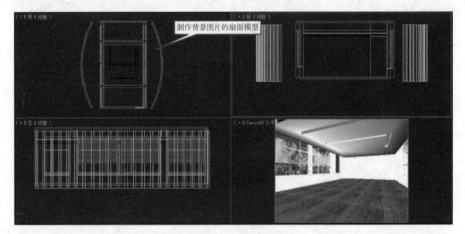

制作背景图片的扇面模型

图2-3-24　完整框架

5．合并室内模型

① 当场景模型的框架建立完成后，需要合并室内模型。单击"文件>导入>合并"菜单命令，如图2-3-25所示；在开启的"合并文件"对话框中选择"办公模型.max"文件，单击"打开"按钮，如图2-3-26所示。

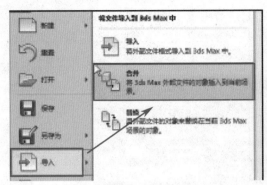

图2-3-25　合并文件

图2-3-26　合并模型文件

② 在开启的"合并模型"对话框中选择"办公模型组",并单击"确定"按钮,如图2-3-27所示;合并后的模型效果如图2-3-28所示。

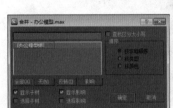

图2-3-27　合并模型组

图2-3-28　合并后的模型效果

任务二　材质的设置

知识目标

1. 熟悉VR材质与标准材质的区分方法。
2. 熟悉贴图坐标的使用方法。

能力目标

1. 具备正确分析材质的特性与填充方式的能力。
2. 具备正确分析材质赋予的对象,进行编辑与应用的能力。
3. 具备结合办公空间的特点和功能进行材质编辑,从而达到符合合理设计的能力。

任务实施

本任务主要是如何在材质编辑器中对场景中的材质进行编辑,并将编辑好的材质赋予场景中的对象,部分对象必须添加贴图坐标才能正确显示材质。

① 按下M键或单击"材质编辑器"按钮开启材质编辑器，将一空白材质命名为"乳胶漆"，并定义为"VR材质"。现实生活中的"乳胶漆"固有色为白色，反射较弱，参数设置如图2-3-29所示，然后将调整好的材质赋予场景中的墙体对象。

图2-3-29　乳胶漆参数设置

② 激活空白材质，将材质命名为"背景墙壁画"，参数设置如图2-3-30所示。

图2-3-30　背景墙壁画参数设置

③ 激活空白材质，将材质命名为"背景墙壁画1"。在贴图类型里，选择"漫反射颜色"后面小模块添加"贴图图片"，参数设置如图2-3-31所示。

图2-3-31　背景墙壁画1参数设置

④ 激活空白材质，将材质命名为"踢脚线"。在贴图类型里，选择"漫反射颜色"后面小模块添加"贴图图片"，参数设置如图2-3-32所示。

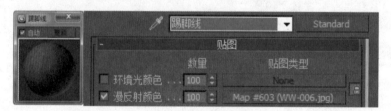

图2-3-32　踢脚线参数设置

⑤ 激活空白材质，将材质命名为"地板"。在贴图类型里，选择"漫反射颜色"后面小模块添加"贴图图片"，现实中的木地板材质具有不强烈的凹凸纹理，参数设置如图2-3-33所示。

⑥ 激活空白材质，将材质命名为"地毯"。在贴图类型里，选择"漫反射颜色"后面小模块添加"贴图图片"，现实中的地毯材质具有凹凸纹理，参数设置如图2-3-34所示。

图2-3-33 地板参数设置

图2-3-34 地毯参数设置

⑦ 激活空白材质，将材质命名为"椅子皮革"。在贴图类型里，选择"漫反射颜色"后面小模块添加"贴图图片"，现实中的皮革材质具有凹凸纹理，参数设置如图2-3-35所示。

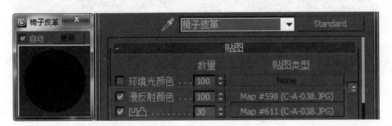

图2-3-35 椅子皮革参数设置

⑧ 激活空白材质，将材质命名为"金属"，并定义为"VR材质"。在贴图类型里，调整该材质的漫射颜色和反射颜色，里面的高光光泽度0.81、反射光泽度0.95，参数设置如图2-3-36所示。

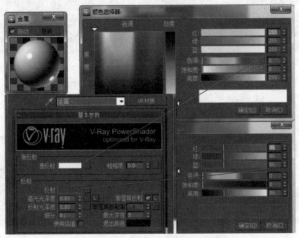

图2-3-36 金属参数设置

⑨ 激活空白材质，将材质命名为"玻璃"。在贴图类型里，选择"漫反射颜色"，调整反射高光值，玻璃采用不透明度51，参数设置如图2-3-37所示。

图2-3-37　玻璃参数设置

⑩ 激活空白材质，将材质命名为"沙发"。在贴图类型里，选择"漫反射颜色"后面小模块添加"贴图图片"，现实中的沙发材质具有凹凸纹理，参数设置如图2-3-38所示。

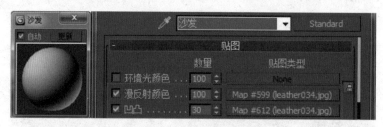

图2-3-38　沙发参数设置

⑪ 激活空白材质，将材质命名为"书"。在贴图类型里，选择"漫反射颜色"后面小模块添加"贴图图片"，参数设置如图2-3-39所示。

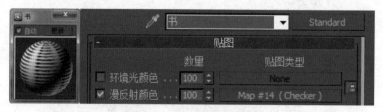

图2-3-39　书参数设置

⑫ 激活空白材质，将材质命名为"室外背景1"。在贴图类型里，选择"漫反射颜色"后面小模块添加"贴图图片"，参数设置如图2-3-40所示。

图2-3-40　室外背景1设置

任务三　设置摄影机

知识目标

1. 熟悉摄影机的设置技巧。
2. 熟悉摄影机的分类样式。

能力目标

1. 具备正确根据构图需要来调整摄影机位置的能力。
2. 具备结合办公空间的特点和功能进行摄影机摆放的能力。

任务实施

1. 创建摄影机

① 当模型建立完成后，需要确定场景的观察角度。单击"创建面板＞摄影机"按钮，选择"标准"选项中的"目标"，在顶视图中创建一架目标摄影机，如图2-3-41所示。

② 激活透视图，在视图左上角单击鼠标右键，在开启的关联菜单中选择Camera01视图，如图2-3-42所示。

③ 当切换到Camera01视图后效果如图2-3-43所示，这个观察场景的角度并不理想。在视图中选择摄影机，在"参数"卷展栏中将镜头数值设置为24，在视图下方Z轴后的输入框中将数值设置为1200。摄像头沿Z轴向上移动，此时Camera01视图效果如图2-3-44所示。

④ 在摄影机视图的右上角单击鼠标右键，在开启的关联菜单中勾选"显示安全框"选项，使安全框在摄影机视图中显示，如图2-3-45所示。

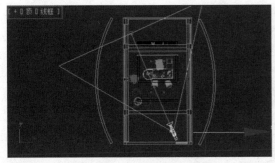

图2-3-41　摄影机的创建

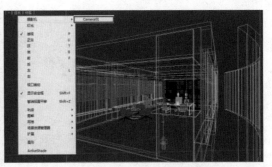

图2-3-42　选择摄影机视图

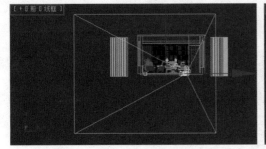

图2-3-43　摄影机角度设置

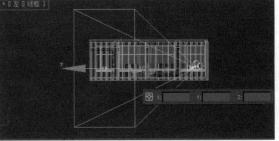

图2-3-44　摄影机合理角度设置

图2-3-45　摄影机安全框

2．渲染设置摄影机安全框

单击主工具栏上的"渲染设置"按钮，在弹出的"渲染设置"对话框中，设置"输出大小"为1024×768，此时，视图中安全框的比例也将发生变化。

任务四　灯光的设置

 知识目标

1．熟悉灯光的布局方法。
2．熟悉灯光的分类样式与模型配合技巧。
3．熟悉VR灯光、标准灯光及光度学灯光。

 能力目标

1．具备根据灯光特性进行灯光布局的能力。
2．具备对灯光进行分析、编辑与应用的能力。
3．具备结合办公空间的特点和功能进行灯光编辑的能力。

 任务实施

1．VR太阳设置

单击"创建面板>灯光"按钮，选择"VRay"选项中的"VR太阳"，在顶视图中创建一盏太阳光源；进入"修改面板"，调整灯光参数，具体参数设置如图2-3-46所示。

2．VR灯光设置

① 选择"V-Ray"选项中的"VR灯光"，在左视图中，拖动鼠标左键创建一个同窗口大小一致的灯光，并在顶视图调整灯光的位置，在"修改"面板中，调整参数如图2-3-47所示。

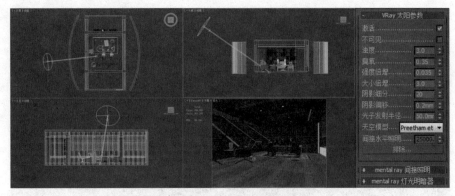

图2-3-46　VR太阳参数设置

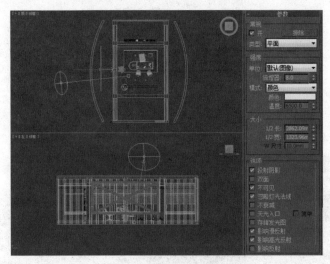

图2-3-47　VR灯光01参数设置

② 选中"VR灯光01"，在顶视图中单击"主工具栏>镜像"按钮，沿X轴镜像复制得到"VR灯光02"，在修改面板调整其倍增器值为1.8，位置如图2-3-48所示。

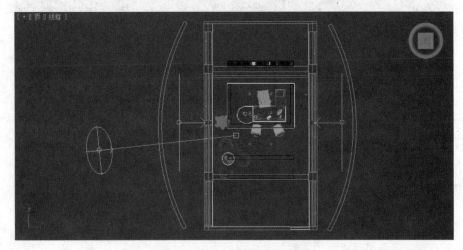

图2-3-48　VR灯光02位置

③ 在顶视图中书柜处创建一盏"VR灯光"，在前视图中调整灯光的位置，并在"修改"面板中设置其倍增器值为2.0，其他参数同前；再沿Y轴按"实例"方式复制3盏灯光为书柜提供亮度，位置如图2-3-49所示。

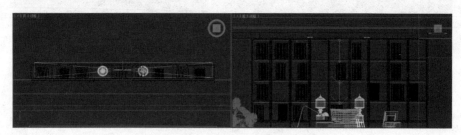

图2-3-49　VR灯光03位置

3. 自由灯光设置

在前视图中，选择"光度学"选项中的"目标灯光"，拖动鼠标左键，从上向下拖出直线，创建灯光，在"修改"面板中，启用阴影，类型选择"VR阴影"，灯光分布类型选择"光度学Web"，在"分布"选项卡中，找到事先准备好的光域网文件，为灯光指定光域网文件，调整灯光强度为34000；再按"实例"方式复制12盏灯光为办公空间提供亮度，位置如图2-3-50所示。

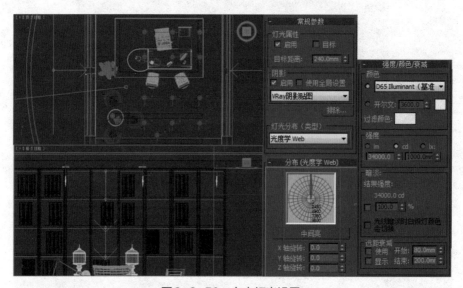

图2-3-50　自由灯光设置

任务五　渲染设置和输出

知识目标

1. 熟悉渲染器参数设置的方法。
2. 熟悉渲染器分类样式与灯光配合技巧。

能力目标

1. 具备正确了解VR渲染器特性的能力。
2. 具备正确分析渲染器试渲染与最终渲染区别的能力。
3. 具备结合办公空间的特点和功能进行渲染器修改的能力。

任务实施

① 光源的强度合适与否必须进行渲染测试才能确定，当运用VRay进行渲染前需要设置基本的渲染参数。单击主工具栏上的"渲染设置"按钮，在弹出的"渲染设置"对话框中，首先设置一下"公用""V-Ray"选项卡下的参数，如图2-3-51所示。

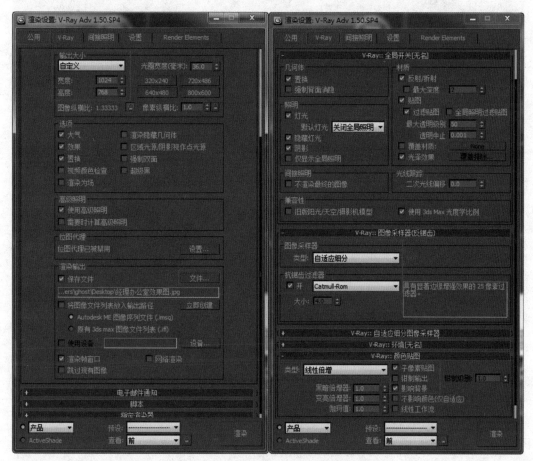

图2-3-51　设置公用、V-Ray选项卡参数

② 设置"间接照明""设置"选项卡并渲染"办公室效果图"文件如图2-3-52所示。

图2-3-52 设置间接照明、设置选项卡并渲染文件

任务六 Photoshop后期处理

 知识目标

1. 熟悉Photoshop参数设置的方法。
2. 熟悉Photoshop图像配合的技巧。

 能力目标

1. 具备正确了解Photoshop软件特性的能力。
2. 具备正确运用Photoshop软件对物体进行局部修改与编辑的能力。
3. 具备正确使用Photoshop软件对整个办公空间进行空间布局与修改的能力。

 任务实施

一般在3ds Max或VRay渲染中，得出的效果图多少出现有点灰或颜色偏差的问题。在此，我们还是用Photoshop软件来处理。

① 启动Photoshop软件，打开刚保存目录下的"办公室效果图.jpg"最终效果图。

② 在"图层面板"中，选中"背景"图层并单击鼠标右键，在弹出的右键快捷菜单中单击"复制图层"得到"背景副本"，如图2-3-53所示。

注意：尽量在背景副本中修改，如果修改错了，还可以再对"背景"图层进行复制。

③ 执行"图像>调整>色阶"菜单命令，通过移动小三角形滑动调节参数，设置中间值为0.8，如图2-3-54所示。

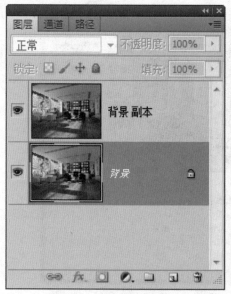

图2-3-53　新建背景副本　　　　　　　图2-3-54　调整色阶

注意：通过调整色阶，可以使画面的黑色过渡得更加统一，层次更分明，视觉更舒服。在色阶被调节后，有些灰度的色彩会丢失，而有些暗部的色彩纯度和饱和度会增加，使得画面变得有些鲜艳。

---

④ 执行"图像>调整>色相/饱和度"菜单命令，设置饱和度为–5，如图2-3-55所示。

⑤ 执行"图像>调整>曲线"菜单命令，在弹出的"曲线"设置面板中，在曲线上任意单击一点，并设置当前点的输入值为108、输出值为158，如图2-3-56所示。

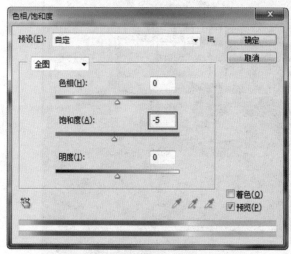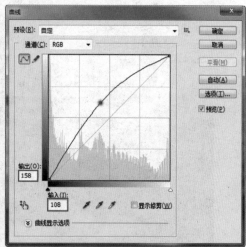

图2-3-55　调整色相／饱和度　　　　　　图2-3-56　设置曲线

⑥ 选择"图像>调整>亮度/对比度"菜单命令，设置参数如图2-3-57所示。

⑦ 执行"滤镜>锐化>USM锐化"菜单命令，数量设置为50%、半径设置为1，锐化边缘后，画面显得更加清晰，如图2-3-58所示。

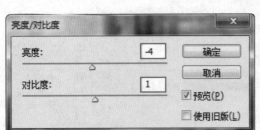

图2-3-57 调整亮度/对比度　　　　　　图2-3-58 设置USM锐化

⑧ 经过Photoshop修改后，最终完成"办公室效果图表现"，如图2-3-59所示。单击"文件>保存为"菜单命令，将处理后的图像进行保存，设置文件名为"办公室效果图表现"，保存类型为"*.jpeg"。

图2-3-59 办公室效果图表现

　　本项目主要讲述了办公空间效果图的制作与表现。在制作的过程中，整个画面的空间颜色布局与模型的层次关系是要重点考虑的地方。办公空间格局是依靠设计师提供的平面图和立面图对应着进行建模体现出来的，而空间的色彩搭配与模型的选择则需要在平时的工作中多看优秀作品，多积累常用资料，慢慢增加对图面色彩及建筑结构掌控能力。

项目四　欧式别墅效果图表现

　　在别墅市场起步初期，欧式风格是最多的，但是在风格的表现上却显得粗略，只是整体表现为欧式风格并未具体到某个国家的风格或某个具有鲜明地方特征的建筑风格。随着别墅市场日趋成熟，欧式别墅的风格设计呈现多样化，且避开粗略的风格轮廓，逐渐细化到某一国家或地区的风格，而别墅建筑造型也更加生动，如图2-4-1所示。

图2-4-1　欧式别墅

 项目背景

　　本项目是一个别墅建筑方案，客户要求为现代欧式建筑外观，营造出典雅华贵及浓厚文化氛围。在造型上，以欧式线条勾勒出不同的装饰造型，气势恢宏、典雅大气；在色彩上，运用明黄、米白等古典常用色来渲染空间氛围，营造出富丽堂皇的效果；在灯光上，采用日景效果表现阳光明媚的感觉。

　　在制作之前，应该对项目本身的特点和表现思路与建筑设计师进行详细地沟通，充分了解设计师的意图，这项工作对于渲染后期来说尤为重要。在制作之前，先找几幅类似的作品进行参考，效果如图2-4-2所示。

图2-4-2 参考效果图

 项目分析

本案先从建筑单体的制作着手，分别将建筑平面、立面、侧立面图纸导入3ds Max场景中，通过门廊、墙体、顶部造型等几个大块的制作完成别墅单体。从表现角度考虑，体现别墅小区的环境。为了在后面的制作过程中有一个清晰的思路，这里先将制作的过程用一个流程图来表示一下，具体如图2-4-3所示。

①分析并整理图纸

②模型的建立

③材质的设置

④设置相机

⑤渲染输出

⑥后期处理

图2-4-3 欧式别墅效果图制作流程

任务一 模型的建立

 知识目标

1. 熟悉客户分析方法；
2. 熟悉建筑风格及其特征；
3. 熟悉内置几何体、样条线、修改器、复合以及多边形建模的方法。

 能力目标

1. 具备对方案进行设计分析的能力；
2. 具备将 Auto CAD 图纸导入 3ds Max 并进行专业建模的能力；
3. 具备使用"可编辑多边形"单面建模的能力。

 任务实施

1. 分析与整理图纸

在建模前，建模人员会拿到建筑设计人员提供的CAD图纸，根据CAD图纸提供的详细信息来建模。在CAD图纸中提供了清晰的作品结构及尺寸的详细参数，此外建模人员还可以对CAD图纸进行清理，将图纸中对模型结构有用的相关信息留下来，并导入到3ds Max软件中供建模使用。

（1）分析图纸

在CAD软件中打开图纸，如图2-4-4所示。

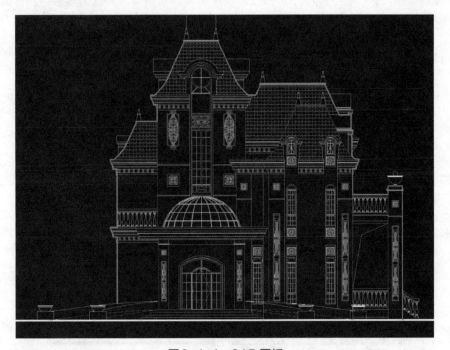

图2-4-4　CAD图纸

通过观察图纸，发现该建筑方案有以下几个明显的特点。

① 模型各个部分呈对称式结构，在制作时只需要制作其中一半，然后进行镜像即可。

② 墙体的建筑元素比较丰富，如带有圆弧的窗户、窗框、屋檐和屋面部分。

在了解这些特点之后，就可以抓住细节，对模型进行制作，接下来先对图纸进行整理。

（2）整理图纸

① 删除图纸无用信息。在CAD中，打开"图层管理器"，删除一些无用的信息，例如标注、室内家具、图框等。如果仍有部分无用图层无法正确删除，检查是否将不同图层中的图像绑定到了一个块中，只有将块分解，才能在图层中删除对象。

在图层的分解过程中，需要多次重复操作，将场景中所有的嵌套关系进行清除，这样才能保证在后期的3ds Max软件中不会出现错误，避免影响工作。

② 坐标归零。单击工具栏上的"移动"工具，选择所有的图形；在命令面板中输入坐标轴为"0，0，0"，按回车键。操作完成后会发现整个图形的位置发生了改变，即已经将其移动到坐标原点处了。

③ 归并图层。将图形坐标归零之后，为了使图纸在导入3ds Max中后便于统一确认，需要将所有图形放置到一个图层中。整理完图形并将坐标归零之后，在没有执行任何命令的情况下选择所有图形，统一修改其图层、图层颜色、基线宽度和单位，如图2-4-5所示。

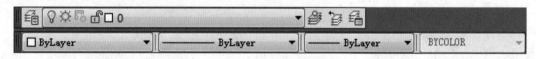

图2-4-5　规整图层属性

按Esc键退出选择。至此，图纸信息整理完成，剩下的工作就是将不同的立面图分别导出为CAD文件。

④ 清理图纸。把CAD图导入3ds Max软件中时很容易出错，经过清理后，能够大大降低出错的概率。因此，在导出图形之前，首先需要执行清理操作。单击CAD工作界面左上角图标，执行"图形实用工具>清理"菜单命令，在弹出的"清理"对话框中，勾选"清理嵌套项目"并进行"全部清理"，如图2-4-6所示。

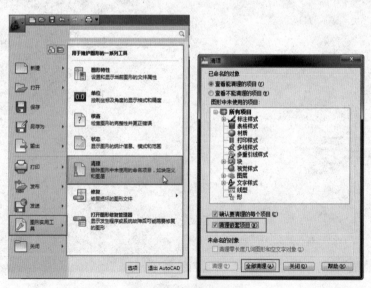

图2-4-6　清理图块

⑤ 按照不同平、立面导出图纸

完成清理后就可以执行最后一步操作，将图纸的不同平、立面导出。

在命令行中输入"W"，打开"写块"对话框，设置好要保存的文件名和路径，设置插入单位为毫米，单击"选择对象"按钮在视图中框选和文件名相应的图形，如图2-4-7所示。

2. 导入与对位图纸

室外建筑模型的导图、对图和模型制作，都是在3ds Max软件中完成的，熟练掌握3ds Max软件的操作是从事效果图制作的一项基本技能。

在导图和对图的过程中，一定要读懂图纸，了解场景中各个元素的位置关系。其中对图的过程非常关键，直接影响接下来的制作工作。如果在这个过程中发现问题，一定要及时和设计师沟通，及时解决问题。

① 打开3ds Max软件，单击"自定义>单位设置"菜单命令，在弹出的"单位设置"对话框中，单击"系统单位设置"按钮，将系统单位设置为毫米。

② 在"显示单位比例"选项卡中，选中公制选项下的毫米，如图2-4-8所示。

图2-4-7　执行写块操作

图2-4-8　单位设置

③ 分别选中四个基本视口，按快捷键"G"，将视口中的网格隐藏起来。

④ 单击3ds Max工作界面左上角图标，执行"导入>导入"菜单命令，在弹出的"选择要导入的文件"对话框中选择"1F.dwg"文件；进入"修改"面板，将图形名称修改为"1F"并重新设置颜色，如图2-4-9所示。

⑤ 导入"2F.dwg"文件，修改图形名称为"2F"并设置颜色；结合捕捉工具，将"2F"与"1F"进行文件对位。

⑥ 使用相同的方法，对其他平面图、立面图进行导入和对位，最终效果如图2-4-10所示。

图2-4-9　修改CAD
图形名称及颜色

3. 制作门廊模型

① 在3ds Max中，冻结南立面图。为了便于观察，在制作过程中，除保持南立面图的可见性外，其他平面图、立面图根据需要显示/隐藏。

② 单击"创建面板>图形"按钮，在"样条线"中取消勾选"开始新图形"，单击"矩形"并结合捕捉工具，在前视图中根据图形轮廓绘制好门廊柱的轮廓图形，如图2-4-11所示。

图2-4-10　导入并对位图纸

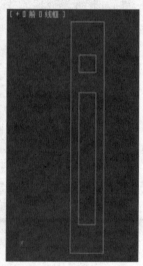

图2-4-11　绘制门廊柱轮廓

③ 单击"修改面板 > 修改器列表"，在弹出的下拉列表中选择"挤出"命令，并设置挤出数量为30，将得到的物体命名为"门廊柱01"。

④ 选中"门廊柱01"并在右键快捷菜单中将其转换为"可编辑多边形"。

⑤ 在"修改面板 > 堆栈"中，单击"多边形"子对象，选择并删除"门廊柱01"的上、下、左、右和背面；单击"边"子对象，激活"窗口"选择方式，在顶视图中选择如图2-4-12所示的边，单击"挤出设置"按钮，设置挤出高度为60；单击"应用"按钮，再次挤出–30，如图2-4-13所示；单击"边界"子对象中的"封口"，将凹凸面闭合。

⑥ 顶视图中，结合"角度捕捉"工具旋转复制"门廊柱01"并将复制出的物体"附加"并围合成门廊柱，如图2-4-14所示；单击"多边形"子对象，选择如图2-4-15所示的面，单击"分离"，在弹出的"分离"对话框中将物体重新命名；用同样的方法分离出其余物体。

⑦ 单击"创建面板 > 几何体"按钮，在"标准基本体"中单击"长方体"，在顶视图中创建一个长、宽、高分别为700、700、50的长方体，且与门廊柱中心对齐，如图2-4-16所示；将长方体转换为"可编辑多边形"，单击"多边形"子对象，选择并删除长方体朝下的面；单

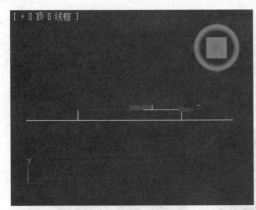

图2-4-12　选择背面边

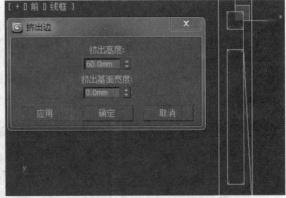

图2-4-13　挤出边

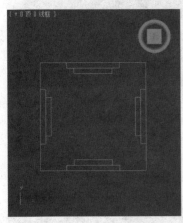

图2-4-14　围合门廊柱

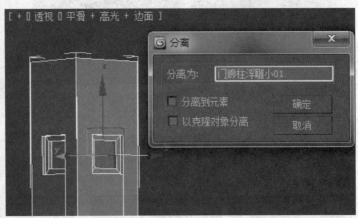

图2-4-15　分离多边形

击"边"子对象，激活"窗口"选择方式，在前视图中选择长方体下方的4条边，单击"挤出设置"按钮，设置挤出高度为–40；单击"应用"按钮，再次挤出30；单击"边界"子对象中的"封口"，将面闭合。

⑧ 选择"门廊柱01"，在"可编辑多边形"中单击"附加"，将长方体与门廊柱合并为一个整体，如图2-4-17所示。

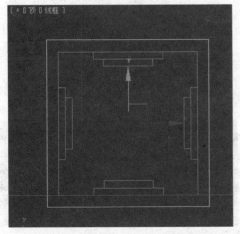

图2-4-16　创建长方体

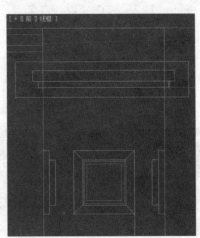

图2-4-17　长方体位置

⑨ 顶视图中，在"1F"图形文件上，结合捕捉工具绘制一个矩形、一个圆，位置如图2-4-18所示。

⑩ 选择矩形并将其转换为"可编辑样条线"，单击"附加"按钮，再单击视图中的圆，将两个图形合并为一个整体；再次选择矩形，单击"样条线"子对象，先选择"布尔"命令后的"并集"方式，再单击"布尔"按钮并单击视图中的圆，完成二维布尔并集运算；单击"线段"子对象，选择并删除矩形的上边，将得到的图形命名为"门廊顶路径"，效果如图2-4-19所示。

图2-4-18　矩形与圆的位置　　　　　　　　图2-4-19　门廊顶路径

⑪ 单击"创建面板>图形"按钮，在"样条线"中单击"线"，结合南立面图绘制如图2-4-20所示的曲线并命名为"门廊顶截面"。

⑫ 选择"门廊顶路径"，单击"修改面板>修改器列表"，在弹出的下拉列表中选择"倒角剖面"命令，单击"拾取剖面"按钮，在视图中单击"门廊顶截面"，效果如图2-4-21所示。

图2-4-20　门廊顶截面　　　　　　　　图2-4-21　倒角剖面物体

⑬ 单击"创建面板>几何体"按钮，在"标准基本体"中单击"球"，在顶视图中创建一个半径为2700的球并命名为"门廊顶（框）"；在"修改面板"中调整球的参数，如图2-4-22所示；将球转换为"可编辑多边形"，在"多边形"子对象中删除球的圆周面。

⑭ 单击"修改面板>修改器列表"，在弹出的下拉列表中选择"晶格"命令，并设置参数如图2-4-23所示。

  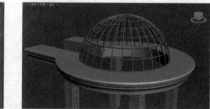 

图2-4-22　球参数　　　　　　　　图2-4-23　晶格参数设置

⑮ 选中"门廊顶（框）"，在其右键快捷菜单中单击"克隆"，并将克隆得到的物体命名为"门廊顶（玻璃）"；在"修改面板>堆栈"中，删除"晶格"命令。

⑯ 在顶视图中，结合捕捉工具绘制矩形并将矩形转换为"可编辑样条线"，通过"顶点"子对象中的"优化"调整顶点位置；"挤出"矩形并将其与"门廊顶路径"附加成为一个物体，将得到的物体重命名为"门廊顶"，效果如图2-4-24所示。

⑰ 单击"创建面板>图形"按钮，在"样条线"中单击"线"，结合南立面图绘制如图2-4-25所示的曲线；单击"修改面板>修改器列表"，在弹出的下拉列表中选择"车削"命令，在命令面板中单击"最小"按钮，并命名为"门廊（框顶）"。

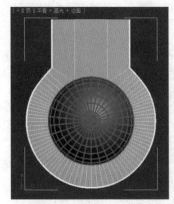  

图2-4-24　门廊顶　　　　　　　　图2-4-25　绘制曲线

⑱ 在左视图中，结合Shift键向左复制一个"门廊柱"；单击"修改面板>堆栈"中的"边"子对象，将下边移动至地平面处，如图2-4-26所示；单击"镜像"工具，在前视图中将得到的"门廊柱"沿X轴镜像复制到另一侧，调整两个"门廊柱"的位置，如图2-4-27所示。

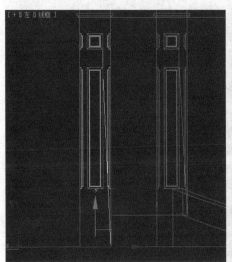 

图2-4-26　移动边　　　　　　　　图2-4-27　调整门廊柱位置

⑲ 在前视图中，创建一个长5100、宽3900的矩形；将矩形转换为"可编辑样条线"，单击"样条线"子对象，在"几何体"卷展栏中，设置"轮廓"为600；选择"顶点"子对象，

单击"优化"按钮，在内轮廓的上边添加一个顶点，结合南立面图调整内轮廓上各个顶点的位置，效果如图2-4-28所示；将调整后的图形"挤出"2500并命名为"门厅"。

⑳ 将"门厅"转换为"可编辑多边形"，在"多边形"子对象中删除多余的面，如图2-4-29所示；结合捕捉工具（设置捕捉方式为顶点、垂足）"切割"门厅的正立面，如图2-4-30所示；选中切割后形成的多边形并"挤出"－150，如图2-4-31所示；在"边"子对象中调整内轮廓的厚度至上下一致，如图2-4-32所示；在"顶点"子对象中，框选如图2-4-33所示的点，单击"焊接设置"按钮，在弹出的"焊接顶点"对话框中将"焊接阈值"设置为10。

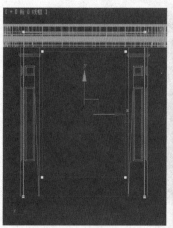
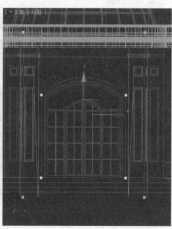
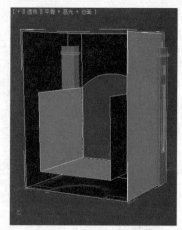

图2-4-28　设置轮廓、添加并调整顶点　　　　　图2-4-29　删除多余面

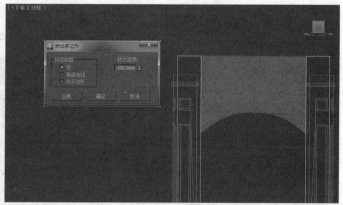

图2-4-30　切割面　　　　　　　　　图2-4-31　挤出多边形

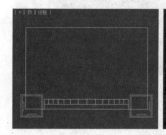

图2-4-32　调整内轮廓边　　　　　　图2-4-33　框选焊接点

㉑ 方法同上，在"边"子对象中框选物体的内轮廓边并挤出边，完成"门厅"模型的创建，效果如图2-4-34所示。

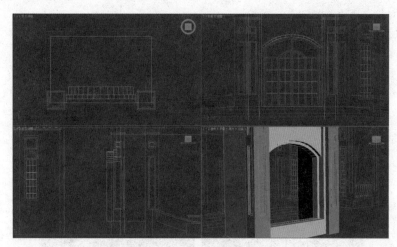

图2-4-34 "门厅"效果

㉒ 在前视图中，结合捕捉工具，用线绘制出"入户门（门框）"图形，如图2-4-35所示；进入"修改面板>堆栈"，在"样条线"子对象中为门框设置轮廓；结合南立面图再绘制几个矩形并"附加"到门框图形内，如图2-4-36所示；单击"修剪"按钮，将相交的无用边修剪掉；单击"修改面板>修改器列表"，在弹出的下拉列表中选择"挤出"命令，并设置挤出数量为100。

㉓ 选中"入户门（门框）"并在右键快捷菜单中单击"克隆"，并将克隆得到的物体命名为"入户门（玻璃）"；在"修改面板>堆栈"中，单击"样条线"子对象，删除所有内框；单击"挤出"并将挤出数量更改为10。

㉔ 前视图中，绘制如图2-4-37所示的若干矩形；转换矩形为"可编辑样条线"并"附加"为一个整体；单击"修改面板>修改器列表"，在弹出的下拉列表中选择"挤出"命令，并设置挤出数量为50；将得到的物体与"入户门（门框）"附加为一个整体，效果如图2-4-38所示。

图2-4-35 入户门
（门框）

图2-4-36 附加
矩形

图2-4-37 若干
矩形位置

图2-4-38 别墅
入户门

4. 制作楼体模型

① 单击"创建面板>图形"按钮，在"样条线"中单击"矩形"，在前视图中创建3个矩形，长宽分别为7100、5200，700、700，700、700；结合"顶点"捕捉工具，将两个小矩形分别移动到大矩形的左、右上角；选择左上角小矩形，将"状态行坐标输入"调整为相对坐标，

在X、Y后分别输入600、-600；选择右上角小矩形，在状态行坐标中输入-600、-600，效果如图2-4-39所示。

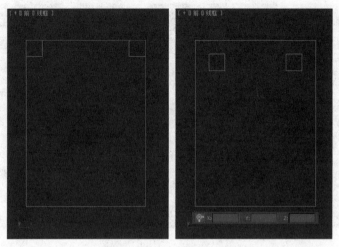

图2-4-39　小矩形位置

② 选择大矩形并将其转换为"可编辑样条线"，"附加"两个小矩形；设置"挤出"数量为30；将挤出的物体转换为"可编辑样条线"，在"多边形"子对象中删除背面；在"边"子对象中选择小矩形背面的四条边，单击"挤出"，在弹出的"挤出边"对话框中设置挤出高度为60，单击应用，再次挤出-30；在"边界"子对象中，单击"封口"，效果如图2-4-40所示。

③ 结合以上操作完成主楼南立面墙体建模，效果如图2-4-41所示。

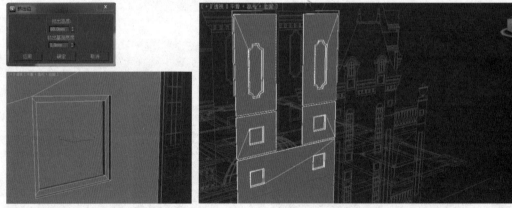

图2-4-40　小矩形挤出　　　　　　　图2-4-41　主楼南立面墙体模型

注意：本项目中主楼连接附楼，建筑外观错落有致、屋顶陡峭，外形凹凸变化，所以立面墙体模型需要一部分一部分地建立且墙体的厚度先暂时设置为30，待逐步完成各立面模型后结合立面施工图再调整。

④ 前视图中，结合捕捉工具，在主楼南立面墙内侧绘制一个矩形；将矩形转换为"可编辑样条线"，进入"顶点"子对象，结合南立面施工图移动矩形两个顶点的位置，位置如图2-4-42所示。

⑤ 设置"2.5维捕捉"捕捉方式为顶点、中点；单击"创建面板>图形"按钮，选择"样

条线"选项中的"圆",将鼠标放在矩形的上边的中点处,单击并拖拽鼠标至矩形的一侧顶点,完成圆形捕捉,效果如图2-4-43所示。

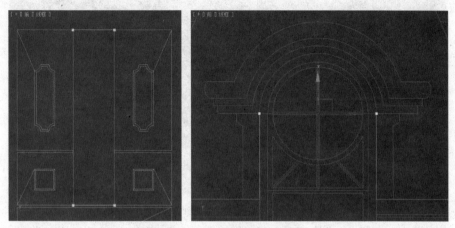

图2-4-42　矩形顶点位置

⑥ 选择矩形,在"修改面板>可编辑样条线"中"附加"圆;单击"线段"子对象,删除圆的下半部分以及矩形的上、下两边;单击"顶点"子对象,框选矩形与圆的交点并进行"焊接";单击"样条线"子对象,设置"轮廓"为−100;单击"修改面板>修改器列表",在弹出的下拉列表中选择"挤出"命令,设置挤出数量为100,并命名为"大落地窗框01"。效果如图2-4-44所示。

图2-4-43　圆与矩形位置　　　　图2-4-44　挤出图形效果

⑦ 在前视图中,单击"创建面板>图形"按钮,在"样条线"中单击"线",结合南立面图绘制如图2-4-45所示的曲线;单击"挤出"并设置挤出数量为150;单击"主工具栏>镜像"按钮,在弹出的"镜像:屏幕坐标"对话框中设置沿X轴复制;调整物体的位置。

⑧ 为了得到更精确的模型,在图2-4-46中,用"线"将两个物体连接(此时的"线"作为辅助图形存在,在操作完成后可随时删除)。

⑨ 设置"2.5维捕捉"捕捉方式为顶点、中点;单击"创建面板>图形"按钮,选择"样条线"选项中的"圆",将鼠标放在"线"的中点处单击并拖拽鼠标至与物体相交处,效果如图2-4-47所示;在"圆"的右键快捷菜单中单击"克隆",在"修改面板>堆栈"中,将克隆出的圆形半径在原有数量的基础上增加100。

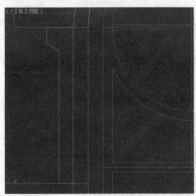

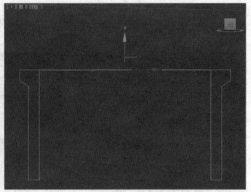

图2-4-45　绘制闭合曲线　　　　　　　　图2-4-46　绘制辅助线

⑩ 在前视图中，创建一个长400、宽90的矩形；结合捕捉工具将"矩形"放置于圆形与物体的交点处；结合Shift键，将矩形移动复制至另一侧交点上，效果如图2-4-48所示。

⑪ 选择其中一个图形，将其转换为"可编辑样条线"，单击"附加"按钮，将上图中的图形合并为一个整体；单击"样条线"子对象中的"修剪"，将多个图形相交的多余边修剪掉，效果如图2-4-49所示；单击"挤出"并设置挤出数量为200。

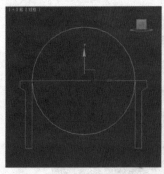 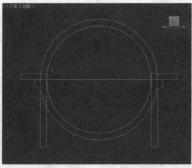 

图2-4-47　捕捉绘制圆　　　　　图2-4-48　捕捉绘制矩形　　　　　图2-4-49　修剪图形

⑫ 方法同上，再依次向上制作出两层模型；选择其中一层模型，将其转换为"可编辑多边形"，单击"编辑几何体"卷展栏中的"附加"，将三层模型合并为一个整体并将其命名为"老虎窗（窗框）"，效果如图2-4-50所示。

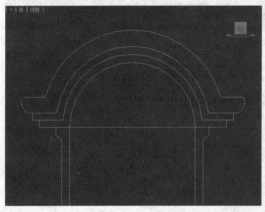 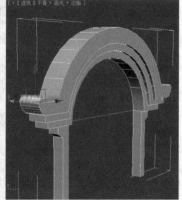

图2-4-50　老虎窗（窗框）

注意：每层模型的同心圆距离可根据美观性自行调整，参考距离为100；每层模型的挤出数量以50为递进。
----

⑬ 每层门、窗的绘制可参考"入户门"的做法，效果如图2-4-51所示。

注意：此时，随着绘制的深入、模型的逐步增加，视图中的线形开始错综复杂起来，这就需要我们根据情况，随时显示/隐藏、冻结/解冻图形及模型文件。
----

⑭ 选中主楼的4个立面墙体，在视图中物体的右键快捷菜单中单击"隐藏未选定对象"。

⑮ 单击"创建面板>图形"按钮，在"样条线"中取消勾选"开始新图形"，单击"线"并结合捕捉工具，在顶视图中根据墙体轮廓绘制好"楼外墙石膏线"，如图2-4-52所示。

图2-4-51　主楼门、窗效果　　　　　　　　　图2-4-52　楼外墙石膏线

⑯ 在前视图中，结合南立面图，用"线"绘制如图2-4-53所示的闭合曲线并命名为"楼外墙石膏线截面"。

⑰ 选择"楼外墙石膏线"，单击"修改面板>修改器列表"，在弹出的下拉列表中选择"倒角剖面"命令，单击"拾取剖面"按钮，在视图中单击"楼外墙石膏线截面"，效果如图2-4-54所示。

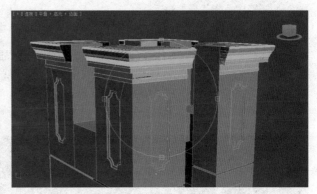

图2-4-53　绘制闭合曲线　　　　　　　图2-4-54　楼外墙石膏线（物体）

⑱ 将"楼外墙石膏线"转换为"可编辑多边形"，单击"边界"子对象，选中如图2-4-55所示的边界，单击"封口"按钮，将物体闭合。

⑲ 在前视图中，结合南立面图，用"线"绘制如图2-4-56所示的闭合曲线；单击"挤出"并设置挤出数量为100。

图2-4-55　选中边界　　　　　　　　　　　　图2-4-56　绘制曲线

⑳ 选择物体，单击"工具>对齐>间隔工具"菜单命令，在弹出的"间隔工具"对话框中（图2-4-57）设置按"居中，指定间距"方式偏移，间距为250，单击"拾取点"按钮，在左视图中用鼠标分别在要放置物体的两个端点处单击（图2-4-58），当第2端点单击完成后，再次弹出"间隔工具"对话框，单击"应用"按钮完成操作。

图2-4-57　"间隔工具"对话框　　　　　　　图2-4-58　拾取点

㉑ 参照立面图，复制物体。

㉒ 选择"楼外墙石膏线"，将上面完成的物体"附加"为一个整体，效果如图2-4-59所示。

㉓ 方法同上，在左视图中，结合立面图，用"线"绘制如图2-4-60所示的曲线并将其命名为"南立面阳台"；单击"修改面板>修改器列表"，在弹出的下拉列表中选择"车削"命令，并设置参数如图2-4-61所示。

 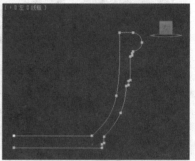

图2-4-59　楼外墙石膏线（完成）　　　　　　图2-4-60　绘制曲线

㉔ 在顶视图中，创建一个"圆环"作为"阳台栏杆扶手"，参数设置如图2-4-62所示。

㉕ 在左视图中，结合立面图，用"线"绘制如图2-4-63所示的闭合曲线并将其命名为"南立面阳台栏杆"；设置"挤出"数量为100；结合Shift键和"选择并旋转"工具，旋转复制其他栏杆。

图2-4-61 车削参数

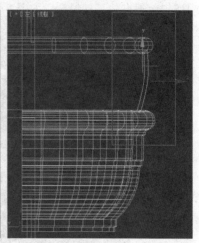

图2-4-62 圆环参数　　　　　图2-4-63 绘制栏杆曲线

㉖ 选择"阳台栏杆扶手"并将其转换为"可编辑多边形"，单击"附加"工具，栏杆与扶手合并为一个整体；单击"多边形"子对象，删除栏杆扶手多余的部分，效果如图2-4-64所示。

㉗ 结合以上操作，完成附楼楼体模型的制作，效果如图2-4-65所示。

5. 制作屋顶模型

① 在顶视图中，单击"创建面板>几何体"按钮，选择"标准基本体"选项中的"长方体"，创建一个长、宽、高分别为5500、5500、3000，长、宽、高分段分别为3、3、2的长方体，并将其命名为"屋顶01"，效果如图2-4-66所示。

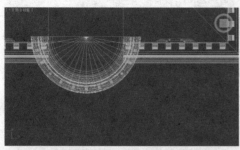

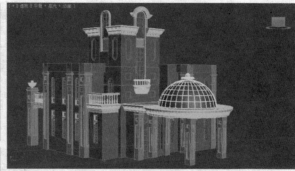

图2-4-65 附楼楼体模型

图2-4-64 南立面图阳台效果

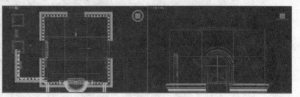

图2-4-66 创建长方体

② 将"屋顶01"转换为"可编辑多边形"，单击"边"子对象，结合"窗口"选择方式，在前视图选择并移动边，如图2-4-67所示。

③ 单击"修改面板>修改器列表",在弹出的下拉列表中选择"FFD（长方体）"命令，设置尺寸4×4×3；在"堆栈"中，单击"设置体积"子对象，调节点的位置，如图2-4-68所示；单击"控制点"子对象，在前视图中选择控制点，在顶视图中结合"选择并均匀缩放"工具沿XY轴向内移动鼠标，如图2-4-69所示，完成效果如图2-4-70所示。

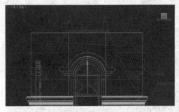
图2-4-67　移动边

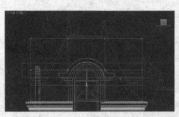
图2-4-68　调整节点（前、后对比）

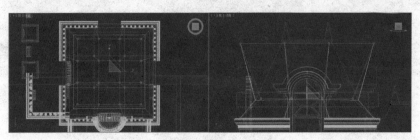
图2-4-69　选择并缩放控制点

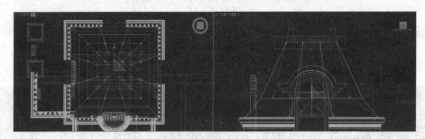
图2-4-70　屋顶自由变形效果

④ 在前视图中，结合"老虎窗"绘制矩形和圆，并编辑成图2-4-71中所示的图形；给予编辑后的图形一定的"挤出"数量，保证物体能够与"屋顶01"相交即可；将挤出的物体旋转复制并移动至侧面"老虎窗"处，如图2-4-72所示。

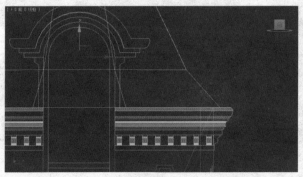
图2-4-71　编辑图形

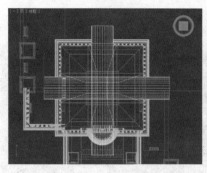

图2-4-72　调整物体位置

注意：为了避免多次布尔运算操作，这里可以将两个物体先合并为一个整体。

---

⑤ 选择"屋顶01"，单击"创建面板>几何体"下的"复合对象"，单击"布尔"并设置布尔运算方式为"差集A-B"，单击"拾取操作对象B"按钮，单击视图与屋顶相交的物体，完成效果如图2-4-73所示。

⑥ 顶视图中，结合捕捉工具绘制屋顶矩形；前视图中，在屋顶处用"线"绘制"屋顶截面"；选择矩形，单击"倒角剖面"并"拾取剖面"。再在前视图中绘制一条开放曲线，单击"修改面板>修改器列表"，在弹出的下拉列表中选择"车削"命令，在命令面板中单击"最大"按钮，效果如图2-4-74所示。

⑦ 结合以上操作，完成别墅楼体模型的制作，效果如图2-4-75所示。

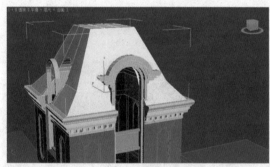

图2-4-73　布尔运算　　　　　　　　　　图2-4-75　别墅楼体模型

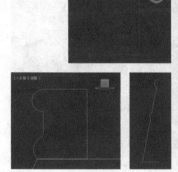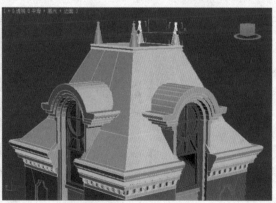

图2-4-74　路径、截面及车削图形

6. 制作坡道模型

① 显示"1F",在前视图中用"线""矩形""圆"绘制如图2-4-76所示图形。

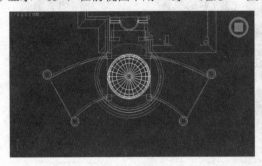
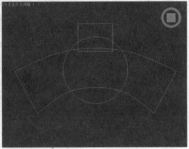

图2-4-76　绘制辅助图形

注意：在坡道的制作过程中，需要多次用到几个辅助图形，所以在制作前需要按组合多克隆几组备用。需要说明的是，以下图形编辑都需要在"可编辑样条线"状态下将图形"附加"为一个整体，而后在进行后续操作。根据模型实际情况在"样条线"子对象下"修剪"出二维基本形。

-----

② 将第一组图形"修剪"，如图2-4-77所示；"挤出"并设置挤出数量为600。

③ 在前视图中，绘制一条开放曲线；为了方便修改，在"顶点"子对象中单击"优化"为曲线添加几个顶点，如图2-4-78所示；"挤出"并设置挤出数量为5000；在顶视图中"选择并旋转"物体，如图2-4-79所示；将物体转换为"可编辑多边形"，在"顶点"子对象中，参照"1F"调整顶点位置；在"边"子对象中，单击"插入顶点"按钮，在物体的边上插入若干顶点，并在"顶点"子对象中调整顶点位置，效果如图2-4-80所示；将完成的物体在前视图中"镜像"复制到另一侧。

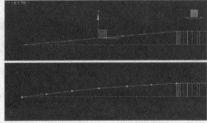
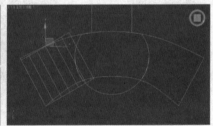

图2-4-77　修剪图形　　　图2-4-78　添加顶点　　　图2-4-79　选择并旋转物体

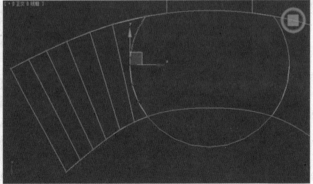

图2-4-80　插入顶点

④ 将第二组图形"修剪"，修剪后的图形如图2-4-81所示；在"样条线"子对象中，为图形赋予两次"轮廓"，分别为200、–200，操作完成后删除原有线段；单击"顶点"子对象中的"连接"按钮，将两次"轮廓"后得到的线段端点连接，效果如图2-4-82所示；"挤出"图形并设置挤出数量为1200。

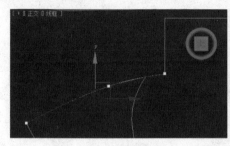 

图2-4-81　修剪图形图　　　　　　　　图2-4-82　连接线段

⑤ 将物体转换为"可编辑多边形"，在前视图中参照南立面图调整"顶点"位置，效果如图2-4-83所示。

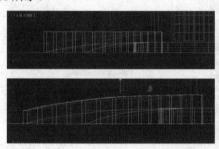 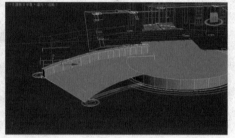

图2-4-83　调整顶点

⑥ 结合以上操作，完成别墅坡道模型的制作。

注意：台阶模型的制作方法与前面六角亭台阶的设计制作相同，在这里就不赘述了。

----

⑦ 别墅模型的最终效果如图2-4-84所示。

⑧ 单击"文件＞另存为"菜单命令，将文件保存为"别墅模型.max"。

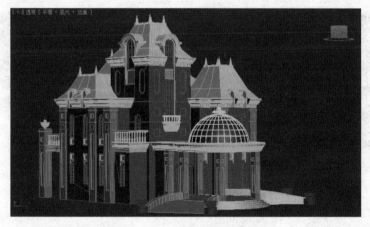

图2-4-84　别墅模型最终效果

任务二　材质的设置

1. 熟悉材质与贴图技术；
2. 熟悉VR材质的设置方法。

1. 具备使用3ds Max标准材质设置材质的能力；
2. 具备使用VR材质设置材质的能力；
3. 具备使用UVW贴图调整贴图坐标的能力。

图2-4-85　主要材质

在赋予材质前，先要理解设计师的意图和建筑的性质。如这张图中，主要使用的材料有瓦、乳胶漆、装饰板、窗框、玻璃、火烧板等。整体材质的分布效果如图2-4-85所示。

1. 将3ds Max默认渲染器修改为VRay渲染器

单击主工具栏上的"渲染设置"按钮（或单击键盘上的"F10"键），在弹出的"渲染设置"对话框中，单击"公用"选项卡中的"指定渲染器"卷展栏，单击"产品级>选择渲染器"，并在弹出的对话框中选择"V-Ray渲染器"，然后单击"保存为默认设置"按钮，如图2-4-86所示。

2. 墙体材质

（1）乳胶漆

单击"主工具栏>材质编辑器"按钮，在弹出的"材质编辑器"对话框中，单击第一个示例球，在"从材质拾取对象"右边的文本输入框中输入"乳胶漆"，基本参数设置如图2-4-87所示。

图2-4-86　修改渲染器

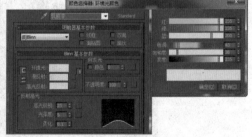

图2-4-87　乳胶漆基本参数设置

（2）装饰浮雕

① 单击第二个示例球，在"从材质拾取对象"右边的文本输入框中输入"装饰浮雕"，基本参数设置如图2-4-88所示。

② 在"贴图"卷展栏中，单击"漫反射颜色"右侧的"None"按钮，在弹出的"材质/贴图浏览器"对话框中双击"位图"选项，在弹出的"选择位图图像文件"对话框中，在系统默认的路径中选取所需的贴图文件并打开，单击"转到父对象"按钮，返回到上一层级。

③ 在"贴图"卷展栏中，将设置好的"漫反射颜色"贴图以"实例"方法复制到"凹凸"的贴图类型上，设置"凹凸"数量，具体设置如图2-4-89所示；选择场景中的与材质相对应的物体，单击"将材质指定给选定对象"完成材质赋予。

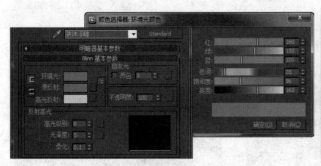

图2-4-88　装饰浮雕基本参数设置　　　　图2-4-89　装饰浮雕贴图类型

④ 单击"修改面板>修改器列表"，在弹出的下拉列表中选择"UVW贴图"命令，为"装饰浮雕"设置贴图方式为"平面"并单击"适配"按钮。

3．窗户材质

（1）窗框

① 单击第三个示例球，在"从材质拾取对象"右边的文本输入框中输入"窗框"，单击"Standard"按钮，在弹出的"材质/贴图浏览器"中选择"VR材质"。

② 设置漫反射参数设置如图2-4-90所示。

③ 设置反射贴图为"衰减"，参数设置如图2-4-91所示。

图2-4-90　窗框漫反射参数设置　　　　　图2-4-91　窗框反射参数设置

（2）玻璃

① 单击第四个示例球，在"从材质拾取对象"右边的文本输入框中输入"玻璃"，基本参数设置如图2-4-92所示。

② 单击"扩展参数"卷展栏，参数设置如图2-4-93所示。

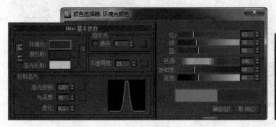

图2-4-92　玻璃基本参数设置　　　　　　图2-4-93　扩展参数设置

③ 设置贴图类型如图2-4-94所示。

图2-4-94　反射贴图

4. 瓦材质

① 单击第五个示例球，在"从材质拾取对象"右边的文本输入框中输入"瓦"，基本参数设置如图2-4-95所示。

② 在"贴图"卷展栏中，设置"漫反射颜色"贴图并将贴图以"实例"方法复制到"凹凸"的贴图类型上，如图2-4-96所示。

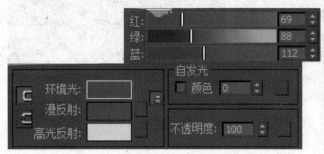

图2-4-95　瓦基本参数

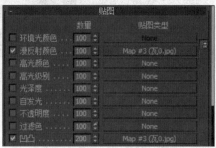

图2-4-96　瓦贴图类型

③ 单击"修改面板>修改器列表"，在弹出的下拉列表中选择"UVW贴图"命令，为"瓦"设置贴图方式为"长方体"并调整长方体的长、宽、高。

5. 门廊材质

门廊所用"火烧板"材质设置方法同前，赋予材质后的最终效果如图2-4-97所示。

图2-4-97　赋予材质后的效果

任务三　设置摄影机

知识目标

1. 熟悉摄影机参数的基本概念；
2. 熟悉摄影机的常用参数与透视图的关系。

能力目标

1. 具备为场景设置摄影机的能力；
2. 具备应用目标摄影机模拟实际场景中视觉效果的能力。

任务实施

1. 创建摄影机

① 单击"创建面板>摄影机"按钮，选择"标准"选项中的"目标"，如图2-4-98所示。

② 在顶视图中创建一架目标摄影机，位置及形态如图2-4-99所示；激活透视图，单击键盘上的"C"键，将透视图转换成摄影机视图。

③ 单击"修改面板>目标摄影机"，参数设置如图2-4-100所示。

图2-4-98　选择目标摄影机

图2-4-99　目标摄影机参数

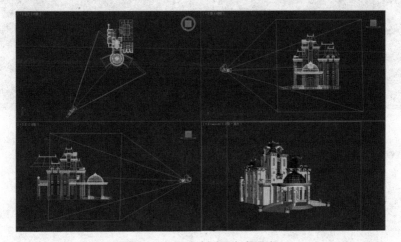

图2-4-100　创建目标摄影机

2．模型的检查

检查模型的大小、风格、位置，以及模型是否有破面、漏光、不完整以及丢失的现象。如果出现模型的损坏，应及时更换新的模型。

任务四　灯光的设置

1．熟悉日景光照的特点；
2．熟悉目标平行光的使用方法。

1．具备为场景设置日景灯光的能力；
2．具备模拟天空环境光的能力。

1．创建球天

① 在顶视图中创建一个半径为40000的球体，设置"半球"值为0.5并将其命名为"球天"。该球体以建筑为中心，并且一般应该比建筑体积大两倍左右，如图2-4-101所示。

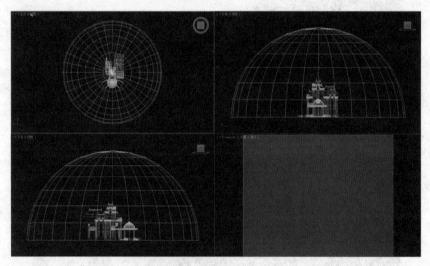

图2-4-101　创建球体

② 将"球天"转换为"可编辑多边形"，在"元素"子对象中，选择物体并单击"编辑元素"卷展栏下的"翻转"按钮，将法线进行翻转拍；单击"顶点"子对象，在前视图中选择球体上面的顶点，结合"选择并缩放"工具进行调整，效果如图2-4-102所示。

③ 选择"球天"，在右键快捷菜单中单击"对象属性"，参数设置如图2-4-103所示。

④ 打开"材质编辑器"，选择一个未用的示例球并命名为"球天"，设置"自发光"为100；在"贴图"卷展栏中，为"漫反射颜色"添加一幅天空贴图。

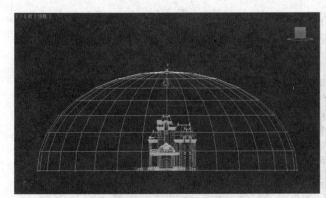
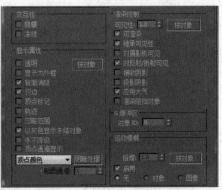

图2-4-102　调整顶点位置　　　　　　　　图2-4-103　对象属性设置

⑤ 为"球天"拖加一个"UVW 贴图"命令，在"贴图"选项组中选择"柱形"贴图方式，效果如图2-4-104所示。

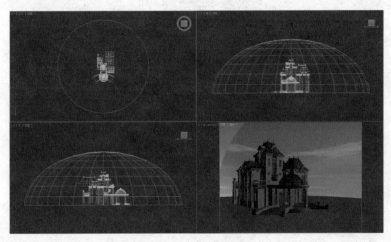

图2-4-104　球天效果

2. 为场景设置灯光

① 单击"创建面板>灯光"按钮，选择"标准"选项中的"目标平行光"，在顶视图中创建一盏目标平行光，如图2-4-105所示；进入"修改面板"，调整灯光参数，具体参数设置如图2-4-106所示。

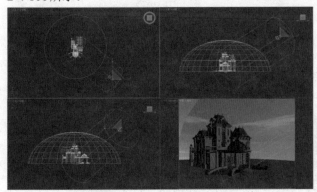
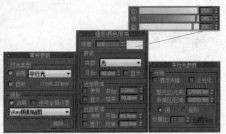

图2-4-105　目标平行光　　　　　　　　图2-4-106　目标平行光参数设置

② 单击"创建面板>灯光"按钮，选择"标准"选项中的"泛光灯"，在顶视图中创建一盏泛光灯作为辅助光，如图2-4-107所示；进入"修改面板"，调整灯光参数，具体参数设置，如图2-4-108所示。

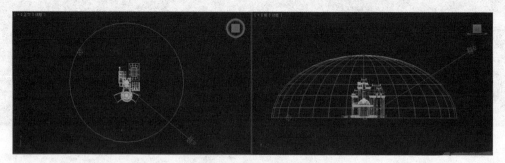

图2-4-107　泛光灯

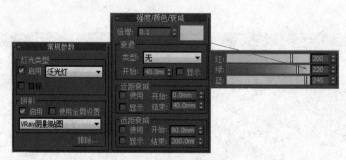

图2-4-108　泛光灯参数

任务五　渲染设置和输出

知识目标

1. 熟悉V-Ray渲染技术；
2. 熟悉V-Ray选项卡、间接照明选项卡的使用方法。

能力目标

1. 具备设置最终渲染参数渲染光子图的能力；
2. 具备渲染效果图、通道图的能力。

任务实施

1. 为场景进行草图渲染

草图渲染主要是来观看场景的整体效果，设置一个比较低的参数，进行快速渲染，只有这样才能提高效果图的制作速度。

① 单击主工具栏上的"渲染设置"按钮（或单击键盘上的"F10"键），在弹出的"渲染设置"对话框中，首先设置"V-Ray""间接照明"选项卡下的参数，具体设置如图2-4-109

所示。

②在"公用"选项卡下修改渲染尺寸为720×486，激活摄影机视图，单击"渲染"按钮，渲染效果如图2-4-110所示，通过渲染效果来看，阳光的位置还是比较理想的。

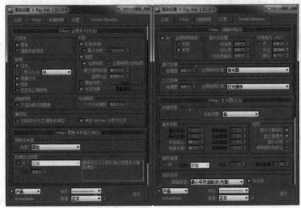

图2-4-109 设置草图渲染参数

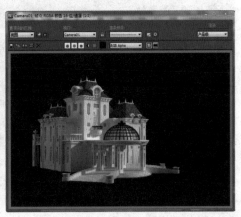

图2-4-110 快速渲染

2.渲染光子贴图

①单击键盘上的"F10"，切换至"图像采样器"选项卡，参数设置如图2-4-111所示；切换至"发光图"选项卡，参数设置如图2-4-112所示；切换至"渲染设置"选项卡，参数设置如图2-4-113所示。

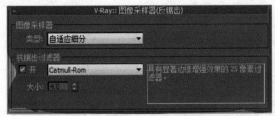

图2-4-111 图像采样器

图2-4-112 发光图

下面可以先渲染小图，然后将这个渲染的小图作为光子图保存起来，再使用光子图渲染一张尺寸大的图，这样会提高渲染速度，节省大量的渲染时间。

②切换至"公用"选项卡，设置输出尺寸为500×375，渲染摄影机视图。

③切换至"间接照明"选项卡，在"发光图"卷展栏的"模式"选项组下单击"保存"按钮（如图2-4-114所示），在弹出的"保存发光图"对话框中选择一个路径并设置文件名为"欧式别墅光子图、vrmap"。

④激活摄影机视图，单击"渲染"按钮，渲染光子图；现在光子图已经保存起来了，下面就将保存好的光子图加载过来。

⑤在"模式"选项组的下拉菜单中选择"从文件"选项，单击"浏览"按钮（如图2-4-115所示），在弹出的"选择发光图文件"对话框中选择刚才保存的"欧式别墅光子图.vrmap"文件。

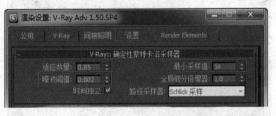

图2-4-113 "渲染设置"选项卡

图2-4-114 保存光子图

图2-4-115 载入光子图

3. 渲染最终成图

① 在"公用"选项卡中,设置输出尺寸为3000×2250,单击"渲染"按钮,渲染效果如图2-4-116所示。

② 单击"保存图像"按钮,将渲染后的图形进行保存,设置文件名为"欧式别墅效果图",保存类型为"*.tif"。

4. 渲染通道图

渲染通道的目的就是能够更方便、更快捷地在Photoshop中选择并修改效果图。可以将物体模型按颜色分成不同的色块,渲染出一张由不同的单色色块组成的图片,然后用Photoshop的选择颜色功能,选出不同物体的区域进行调整,这种渲染方式称为通道渲染。

① 首先将场景进行另存,文件名为"欧式别墅通道图"。

② 将渲染器指定为"默认扫描线渲染器",并删除场景中的球天、灯光。

③ 打开"材质编辑器",选择其中一个示例球,调整材质参数如图2-4-117所示;按照同样的方法设置其他材质如图2-4-118所示;设置完成后,渲染并保存通道文件如图2-4-119所示。

图2-4-116 最终效果

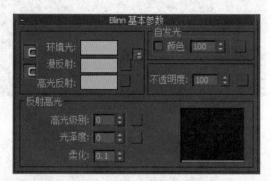

图2-4-117 创建渲染通道

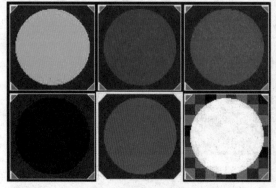

图2-4-118 材质设置

图2-4-119 渲染通道

任务六　Photoshop后期处理

知识目标

熟悉Photoshop图像调整技术。

能力目标

具备修饰、美化效果图的细节及瑕疵，并对效果图的光照、明暗、颜色等方面进行调整的能力。

任务实施

① 打开Photoshop软件，打开"欧式别墅效果图"以及"欧式别墅通道图"文件。

② 确定"欧式别墅效果图"文件为当前选择，在"图层"面板中双击背景层，将其转换为普通层，如图2-4-120所示。

③ 确定当前层为"图层0"，打开通道面板，按Ctrl键的同时单击Apha1通道，通过通道选择建筑，如图2-4-121所示；单击"选择>反选"菜单命令，按"Delete"键将背景删除，效果如图2-4-122所示。

图2-4-120　将背景层转换为普通层

④ 同理，将"欧式别墅通道图"文件中的背景抠除，单击"移动"工具，将"欧式别墅通道图"拖拽入"欧式别墅效果图"文件中并置于下方，如图2-4-123所示。

图2-4-121　单击通道

图2-4-122　删除背景

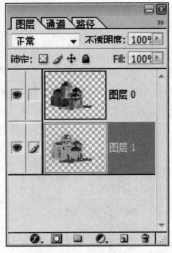

图2-4-123　拖拽文件

⑤ 观看整体效果，首先调整门廊顶部过亮的情况。在"图层"面板中确定"图层1"为当前层并隐藏"图层0"，在视图中用"魔棒"工具单击门廊玻璃顶，如图2-4-124所示；调整当前层为"图层0"，如图2-4-125所示，单击"图像>调整>亮度/对比度"菜单命令，在弹出的"亮度/对比度"对话框中调整亮度值。

图2-4-124　魔棒选择

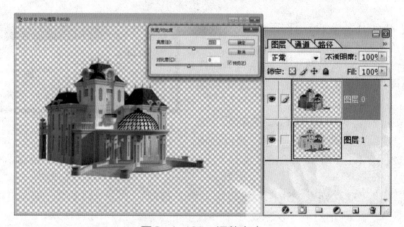

图2-4-125　调整亮度

　　⑥ 经过调整，图像的效果有所改善。同理，对建筑的其他部分进行调整，在调整的过程中可根据情况选用"图像>调整"菜单下的"色阶""曲线""色彩平衡"及"色相/饱和度"命令，而且在添加配景后，可再次对建筑进行调整，使之与周围的环境相呼应。

　　⑦ 打开"草地"文件，将其拖拽入建筑所在图像中并置于底层，单击"图层"面板下方的"添加蒙版"按钮，激活"图层蒙版缩览图"，如图2-4-126所示；在视图中用黑白"渐变"方式在草地与天空所在处拖拽鼠标，效果如图2-4-127所示。

图2-4-126　添加蒙版并激活蒙版

图2-4-127　调整图像

⑧ 通过观察可以看到草地与天空的衔接处已经有过渡的效果，同理，对建筑其他配景进行添加并调整。

⑨ 为了使图像更加真实，需要对配景及人物添加阴影。确定为"人物"所在层，在图层上单击右键选中"复制图层"，激活处于下方的"人物"层，结合Ctrl键单击当前图层，将得到的选区填充黑色作为阴影，单击"编辑>自由变换"菜单命令，调整人物阴影的大小、位置，如图2-4-128所示；单击"滤镜>模糊>高斯模糊"菜单命令，在弹出的"高斯模糊"对话框中设置半径为3，效果如图2-4-129所示；同理，完成其他配景的阴影。

图2-4-128　调整人物阴影

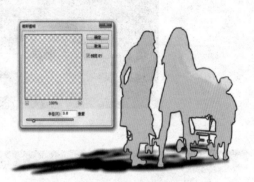

图2-4-129　添加高斯模糊

⑩ 此时，因为配景的添加，"图层"面板中已经存在很多图层，为了进行整体调整，需要将图层进行合并，单击"图层>拼合图层"菜单命令，将图层合并并将合并后的图层复制两次，选择"背景副本"层，单击"图像>调整>去色"菜单命令，去掉图像颜色，同时将图层不透明度设置为20%，如图2-4-130所示；选择"背景副本2"层，将图层模式设置为"柔光"，不透明度设置为20%，如图2-4-131所示；再次"拼合图层"，完成欧式别墅效果图后期处理，效果如图2-4-132所示。

图2-4-130　图像去色

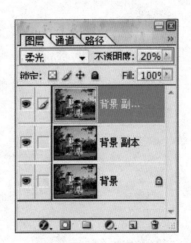

图2-4-131　图层模式

⑪ 单击"文件>保存为"菜单命令，将处理后的图像进行保存，设置文件名为"欧式别墅效果图表现"，保存类型为"*.jpeg"。

图2-4-132 欧式别墅效果图表现

项目小结

　　本项目是欧式风格别墅效果图的制作与表现。在制作的过程中，整个画面的建筑主体外观与绿化环境的层次关系是要重点考虑的地方。以建筑为主题的外观是依靠设计师提供的平、立面图对应着进行建模体现出来的，而小区内的绿化和建筑小品的表现则需要在平时的工作中多看优秀作品，多积累常用资料，慢慢增加对图面色彩及建筑结构的掌控能力。

参考文献

[1] （美）卡拉·珍·尼尔森. 美国大学室内装饰设计教程 [M]. 上海：上海人民美术出版社，2008.

[2] （美）玛丽莲·泽林斯基. 新型办公空间设计 [M]. 北京：中国建筑工业出版社，2005.

[3] 伍福军. 3ds Max 室外建筑艺术与效果图表现案例教程 [M]. 北京：北京大学出版社，2009.

[4] 刘先觉. 现代建筑理论 [M]. 北京：中国建筑工业出版社，1999.

[5] 吴剑锋，林海. 室内与环境设计实训 [M]. 上海：东方出版中心，2008.